U0383301

人月神话

Essays on Software Engineering, Anniversary Edition

[美]小弗雷德里克 · P. 布鲁克斯
(Frederick P. Brooks, Jr.)——著
UMLChina ——译

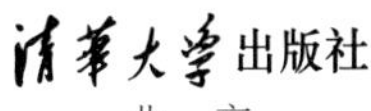

出版社
北　京

北京市版权局著作权合同登记号　图字：01-2023-2270

图书在版编目(CIP)数据

人月神话：纪念典藏版 /（美）小弗雷德里克・P. 布鲁克斯 (Frederick P. Brooks, Jr.) 著；UMLChina 译 . —北京：清华大学出版社，2023.6（2024. 5 重印）
书名原文：The Mythical Man-Month: Essays on Software Engineering, Anniversary Edition
ISBN 978-7-302-63538-3

Ⅰ. ①人…　Ⅱ. ①小… ② U…　Ⅲ. ①软件工程　Ⅳ. ① TP311.5

中国国家版本馆 CIP 数据核字 (2023) 第 091362 号

责任编辑：陈　莉
封面设计：周晓亮
版式设计：方加青
责任校对：成凤进
责任印制：杨　艳

出版发行：清华大学出版社
　　网　　址：https://www.tup.com.cn，https://www.wqxuetang.com
　　地　　址：北京清华大学学研大厦 A 座　　**邮　　编**：100084
　　社 总 机：010-83470000　　**邮　　购**：010-62786544
　　投稿与读者服务：010-62776969，c-service@tup.tsinghua.edu.cn
　　质 量 反 馈：010-62772015，zhiliang@tup.tsinghua.edu.cn
印 装 者：三河市东方印刷有限公司
经　　销：全国新华书店
开　　本：148mm×210mm　　**印　　张**：9.125　　**字　　数**：220 千字
版　　次：2023 年 7 月第 1 版　　**印　　次**：2024 年 5 月第 3 次印刷
定　　价：98.00 元

产品编号：102096-01

推荐序

再读软件经典　如品陈年佳酿

《人月神话》是软件工程领域绝无仅有的经典佳作，历时近半个世纪，作者Fred Brooks对大型软件项目管理的经验思考启迪了一代代工程师的实践。

《人月神话》一书的开篇强调了构建“系统产品”与构建“简单程序”的任务不同。研发大型软件系统不是简单程序的堆叠组装。软件开发任务不总是像收割麦子的任务一样可分解，要分析问题性质以及子任务间的依赖关系。软件研发效能的量化估算不能对“人月”“人周”“人天”做简单加法和乘法，正如不能基于个人百米成绩来推算马拉松成绩一样。新手培训、沟通交互都会引入额外的成本，向延期的软件项目添加新人会使项目拖得更久。软件开发任务间复杂的依赖关系需要科学管理，避免无效的人力投入。

软件不可见性和抽象性是导致软件复杂性的根本原因，也是软件工程学科要应对的基本问题。软件系统的复杂性源于参与开发人员的概念模型是不完整和不一致的，正如“一千个人眼中有一千个哈姆雷特”，管理软件项目的复杂性就需要达成各方对软件系统概念模型的局部完整性与一致性。软件项目开发团队的组织要融合开源、群智，以及规模化敏捷组织的最新理念，还要坚守外科手术团队这样的组织结构，持续优化大规模软件系统产品项目的组织与流程。

我国软件产业规模已突破十万亿元，成为软件大国的同时还处在“大而不强”的困境，在系统软件与工业软件领域还面临着被“卡脖子”的风险。《人月神话》一书中的许多经验、观点对于我国关键基础软件技术、产品与产业创新发展具有重要指导意义。

今天作为数字经济社会基础设施的系统软件和工业软件，都是经过数十年长期演进与发展的软件，是软件产业的根技术。如何改变这种受制于人的被动局面？我想在全力投入攻坚之外，还要深入思考、深入探究这类软件产品工程研发的内在规律。实现软件产业高质量发展的关键在于建立开发“能用、管用、好用”的关键系统软件和基础工业软件的工程方法与工具体系。

软件工程“没有银弹”的观点还成立吗？用“塑料薄膜包装的成品软件”无疑已成为历史，但并不妨碍它当年为软件产业发展带来的积极贡献与影响。进入软件开源与大语言模型时代，软件工程领域的“银弹”是否已经出现？大语言模型在代码辅助生成以及算法编程优化等方面展现出强大的能力，它会将软件领域带向何种高度？

再读“人月神话”，今时今日又绘新意。软件定义美好世界，既是国家示范性软件学院成立的初心，也是清华大学软件学院在建院二十周年时对初心的再次表达。软件系统的形态，软件工程的方法将在实践者的持续探索和研究者的深入思考中不断演进。

王建民

清华大学软件学院院长

2023年6月

20周年纪念版序言

令我惊奇和高兴的是，《人月神话》在20年后仍然非常受欢迎，印数超过了250 000册。人们经常问，我在1975年提出的观点和建议，哪些是我仍然坚持的，哪些是已经改变了的，又是怎样改变的？尽管我在一些讲座上也分析过这个问题，但我还是一直想把它写成文章。

Peter Gordon现在是Addison-Wesley的出版合伙人，他从1980年开始和我共事。他非常有耐心，对我帮助很大。他建议我们准备一个纪念版本。我们决定不对原版本做任何修订，只是原封不动地重印(除了一些无足轻重的修正)，并用更新的思想来扩充它。

第16章更新了一篇在1986年IFIPS会议上的论文“没有银弹：软件工程的根本和次要问题”(No Silver Bullet: Essence and Accidents of Software Engineering)。这篇文章来自我在国防科学委员会主持军用软件方面研究时的经验。我当时的研究合作者，也是我的执行秘书Robert L. Patrick，他帮助我回想和感受那些做过的软件大项目。1987年，IEEE的《计算机》(*Computer*)杂志重印了这篇论文，使它传播得更广了。

“没有银弹”被证明是富有煽动性的，它预言10年内没有任何编程技巧能够给软件的生产率带来数量级上的提高。距离

10年期限只剩下一年了，我的预言看来是安全了。“没有银弹”激起了越来越多文字上的剧烈争论，比《人月神话》还要多。因此在第17章，我对一些公开的批评做了说明，并更新了在1986年提出的观点。

在准备《人月神话》的回顾和更新时，一直在进行的软件工程研究和已有经验已经证实或否定了少数书中断言的观点，也影响了我。排除辅助的争论和数据后，把那些观点粗略地分类，对我来说是很有帮助的。我在第18章列出了这些观点的概要，希望这些单调的陈述能够引来争论和证据，然后得到证实、否定、更新或精炼。

第19章是一篇更新的短文。读者应该注意的是，新观点并不像原来书中的内容一样来自我的亲身经历。我在大学里工作，而不是在工业界，做的是小规模的项目，而不是大项目。自1986年以来，我就只是教授“软件工程”课程，不再做这方面的研究。我现在的研究领域是虚拟环境及其应用。

在这次回顾的准备过程中，我找了一些正在软件工程领域工作的朋友，征求他们现在的观点。他们很乐意与我分享他们的想法，并仔细地对草稿提出了意见，这些都使我重新受到启发。感谢Barry Boehm、Ken Brooks、Dick Case、James Coggins、Tom DeMarco、Jim McCarthy、David Parnas、Earl Wheeler和Edward Yourdon。感谢Fay Ward对新的章节进行了出色的技术加工。

感谢我在国防科学委员会军用软件工作组的同事Gordon Bell、Bruce Buchanan、Rick Hayes-Roth，特别是David Parnas，感谢他们敏锐的洞察力和生动的想法。感谢Rebekah Bierly对第16章的内容进行了技术加工。我把软件问题分成“根本的”和“次要的”，这是受Nancy Greenwood Brooks的启发，她在一篇“铃木小提琴教学法[①]”的论文中应用了这样的分析方法。

在1975年版本的序言中，Addison-Wesley出版社不允许我在书中向该社的一些扮演了关键角色的员工致谢。可是，有两个人的贡献必须特别指出：执行编辑Norman Stanton和美术指导Herbert Boes。Boes设计了风格优雅的版式和封面，他在评注时特别提到：“页边的空白要宽，字体和版面要有想象力。”更重要的是，他提出了至关重要的建议：为每一章配一幅插图(当时我只有“焦油坑”和“兰斯大教堂”的图片)。寻找这些图片使我多花了一年的时间，但我永远感激这个建议。

Frederick P.Brooks, Jr.

Chapel Hill, N. C.

1995年3月

① 译注：铃木教学法是由日本小提琴家铃木镇一在20世纪开发与推广的音乐教学法及教育哲学。铃木教学法与柯达伊教学法、奥尔夫教学法、达尔克罗兹教学法，被公认为世界著名的音乐教学法。铃木教学法主要是以幼儿为对象，在良好的家庭环境中对其直觉和听觉进行反复训练。

第1版序言

在很多方面，管理一个大型的计算机编程项目与管理其他行业的大型工程很相似——比大多数程序员所认为的还要相似；在另外一些方面，它又有差别——比大多数职业经理人所认为的差别还要大。

这个领域的知识在于积累。现在，AFIPS(美国信息处理学会联合会)已经有了一些讨论和会议，也出版了一些书籍和论文，但是还没有成形的方法对这一领域进行系统的阐述。提供这样一本主要反映个人观点的图书看来是合适的。

虽然我原来从事计算机编程方面的工作，但是在1956—1963年，自动控制程序和高级语言编译器开发出来的时候，我主要从事硬件构架方面的工作。1964年，我成为操作系统OS/360项目的经理，我发现前些年的技术进展使编程世界改变了很多。

虽然是失败的，但管理OS/360项目的开发仍是一次很有帮助的经历。负责这次开发项目的团队，包括我的继任经理F. M. Trapnell，有很多值得自豪的东西。该系统在设计和执行方面都很出色，并被成功地应用到很多领域，特别是设备独立的输入/输出和外部库管理，在很多技术革新中被广泛复制。现在，这一系统是十分可靠的，相当有效且非常通用。

但是，并不是所有的努力都是成功的。OS/360的用户很快就能发现它应该能够做得更好。设计和执行上的缺陷在控制程序中特别普遍，相比之下，语言编译器就好得多。大多数缺陷发生在1964—1965年的设计阶段，所以这肯定是我的责任。此外，这个产品的发布推迟了，需要的内存比计划的要多，成本也是估计的好几倍，而且第一次发布时并不能很好地运行，直到发布了几次以后，问题才得以解决。

按照当初接受OS/360 任务时的协议，我在1965 年离开IBM后，来到Chapel Hill。我开始总结OS/360项目的经验，看能不能从中吸取管理和技术上的教训。需要特别说明的是，System/360硬件开发和OS/360软件开发中的管理经验是大相径庭的。对Tom Watson关于为什么编程难以管理的探索性问题，这本书是一份迟来的答案。

在这次探索中，我和1964—1965年的经理助理R. P. Case， 还有1965—1968年的经理F. M. Trapnell进行了长谈，从中受益很多。我还对比了其他大型编程项目经理的结论，这些项目经理包括麻省理工学院的F. J. Corbato、贝尔电话实验室的V. Vyssotsky和John Harr、ICL的Charles Portman、苏联科学院西伯利亚分部计算实验室的A. P. Ershov和IBM的A. M. Pietrasanta。

我自己的结论体现在下面的文字中，送给专业程序员、职业经理，特别是程序项目的职业经理。

虽然每个章节各自独立，但本书还是有一个中心的论点，包含在第2～7章。简言之，我相信由于人员的分工，大型编程项目碰到的管理问题和小型项目碰到的管理问题区别很大，而关键的是维持产品自身的概念完整性。这几章探讨了其中的困难和解决的方法，后续的章节则探讨了软件工程管理的其他方面。

第1版序言

这个领域的文献并不多，但分布很广。因此我尝试在书后给出了参考文献，说明某个特定知识点并指导感兴趣的读者去参阅其他有用的文献。很多朋友读过了本书的手稿，其中一些朋友还给出了很有帮助的意见。这些意见很有价值，但为了保证文字的通顺，我把它们作为注解包含在本书中。

因为这本书是一部文集而不是一部教材，所有的参考文献和注解都被整理在一起[①]，建议读者在读第一遍时略去不看。

深深地感谢Sara Elizabeth Moore小姐、David Wagner先生和Rebecca Burris夫人，他们帮助我准备了手稿。感谢Joseph C. Sloane教授在图解方面的建议。

Frederick P. Brooks, Jr.

Chapel Hill, N. C.

1974年10月

① 译注：读者可扫封底二维码获取。

目　录

第 1 章

焦　油　坑

前车之覆，后车之鉴。

C. R. 奈特的《拉布雷阿的焦油坑壁画》(*Mural of La Brea Tar Pits*)

注：拉布雷阿焦油坑是著名的旅游景点，位于美国洛杉矶市中心。

资料来源：The George C. Page Museum of La Brea Discoveries, The Natural History Museum of Los Angeles County

史前史中，没有什么场景比巨兽们在焦油坑中垂死挣扎的场景更令人震撼。恐龙、猛犸象、剑齿虎在焦油中挣扎。它们挣扎得越猛烈，焦油纠缠得就越紧，没有哪种猛兽足够强壮或具有足够的技巧，能够挣脱束缚，它们最后都淹没在坑中。

近几十年的大型系统编程就犹如这样一个焦油坑，很多大型和强壮的动物在其中剧烈地挣扎。大多数项目开发出了可运行的系统，不过只有极少数的项目满足了目标、进度和预算的要求。各种团队，大型的或小型的，庞杂的或精干的，一个接一个地陷入了“焦油坑”。表面上看起来，没有任何一个单独的问题会导致困难，每个问题都能得到解决，但是当它们相互纠缠和累积在一起的时候，团队的行动速度就会变得越来越慢。对于问题的麻烦程度，每个人似乎都会感到惊讶，并且很难看清问题的本质。不过，如果想解决问题，就必须试图先去了解问题。

因此，首先我们来认识一下系统编程这个职业，以及其中固有的喜怒哀乐。

编程系统产品

报纸上偶尔会出现这样的新闻，讲述两个程序员如何在经过改造的车库中，编出超过大型团队工作量的重要程序。每个编程人员都乐意相信这样的神话，因为他知道自己能以超过产业化团队的1 000代码行/年的生产率来编写任何程序。

为什么不是所有的产业化团队都会被这种专注的车库二人组所替代？我们必须看一下正在产出的是什么。

图1-1的左上部分是程序(program)。它本身是完整的，作者可以在开发所用的系统上运行它。它通常是程序员在车库中产出

的，个体程序员用它来估算生产率。

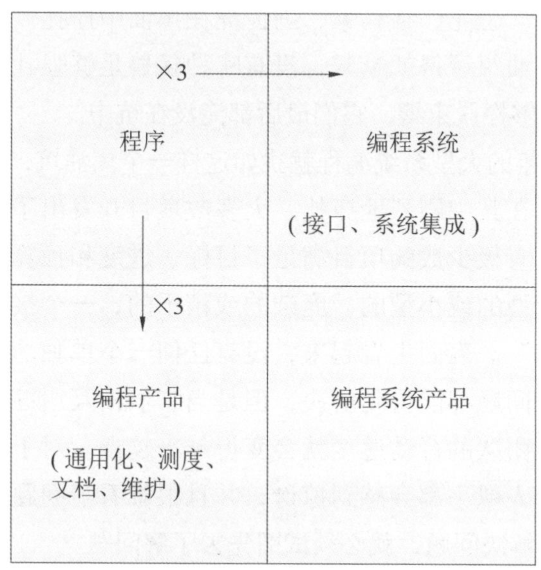

图1-1　编程系统产品的演进

有两种途径可以使程序转变成更有用但是成本更高的产品，这两种途径表现为图1-1中“程序”的边界。

图1-1中，向下移动越过水平边界，程序转变成编程产品(programming product)。这是可以被任何人运行、测试、修复和扩展的程序。它可以在多种操作系统平台上运行，供多套数据使用。要成为通用的编程产品，程序必须按照普遍认可的风格来编写，特别是输入的范围和形式必须广泛地适用于所有可以合理使用的基本算法。接着，必须对程序进行彻底测试，确保它的稳定性和可靠性，使其值得信赖。这就意味着必须准备、运行和记录一大批测试用例，用来探索输入的边界和范围。最后，要将程序提升为编程产品，还需要有完备的文档，并且保证每个人都可以使用、修复和扩展。经验及数据表明，相同功能的编程产品的成本，至少是具有相

同功能的已调试程序的3倍。

回到图1-1中，跨越垂直边界，程序转变成编程系统(programming system)中的一个构件。它是在功能上能相互协作，具有规范的格式，而且可以进行交互的程序集合，可以用来组装和搭建成一个用于完成大型任务的完整设施。要成为编程系统构件，程序必须按照一定的要求编制，使输入及输出在语法和语义上与精确定义的接口一致。同时，程序还要仅使用预先定义的资源预算——内存空间、输入输出设备、计算机时间。最后，程序必须同其他系统构件一道，以任何能想象到的组合进行测试。由于测试用例会随着组合不断增加，所以测试的范围必须广泛。因为一些意想不到的交互会产生许多不易察觉的bug，测试工作将非常耗时，因此相同功能的编程系统构件的成本至少是独立程序的3倍。如果系统有大量的构件，成本还会更高。

图1-1的右下部分代表编程系统产品(programming systems product)。它在上述各方面都不同于简单程序。它的成本将是独立程序的9倍。然而，它是真正有用的产品，是大多数系统编程工作的目标。

Ⓢ 职业的乐趣

编程为什么有趣？作为回报，它的从业者可以享受哪些乐趣？

第一，这种乐趣来源于造东西的成就感。如同小孩在玩泥巴时感到快乐一样，成年人也喜欢搭建东西，特别是自己进行设计。我想，这种乐趣就像呈现在每片独特的、崭新的叶子和雪花上的喜悦。

第二，这种乐趣来源于制造对他人有用的东西。内心深处，我们期望我们的劳动成果能够被他人使用，并能对他们有所帮助。

从这一角度而言，这同小孩用黏土为爸爸捏制第一个笔筒没有任何本质的区别。

第三，乐趣来源整个过程体现出的一股强大的魅力——将相互啮合的活动部件组装在一起，看到它们以精妙的方式运行着，并收到了预期的效果。程序化的计算机具有弹球机或自动唱机的所有魅力，并把它们发挥到了极致。

第四，这种乐趣来源于持续的学习，来源于这项工作的非重复特性。人们所面临的问题总有这样、那样的不同，因而解决问题的人可以从中学习新的事物，有时是实践上的，有时是理论上的，有时兼而有之。

最后，这种乐趣还来源于在易于驾驭的介质上工作。程序员，就像诗人一样，几乎总是在单纯地思考。程序员通过自己的想象，凭空建造自己的“城堡”。很少有创作介质如此灵活，如此易于打磨和重建，如此容易实现概念上的设想(不过我们将会看到，容易驾驭的特性也存在一定的问题)。

然而程序毕竟与诗歌不同，它是实实在在的东西：它可以移动和运行，能独立产生可见的输出；它能打印结果，绘制图形，发出声音，移动支架。神话和传说中的魔法在当今时代已变成现实。在键盘上键入正确的“咒语”，屏幕会活过来，显示出前所未有的也不可能存在的事物。

编程的乐趣在于它不仅满足了人们内心深处进行创造的渴望，而且还唤醒了所有人共有的情感。

Ⓢ 职业的苦恼

然而这个过程并不总是充满乐趣的。我们只有事先了解一些编程固有的苦恼，这样，当它们真的出现时，才能更加坦然地面对。

首先，苦恼来自对完美的要求。在这方面，计算机和传说中的魔法类似：如果“咒语”中的一个字符、一个停顿，没有以正确的形式出现，魔法的效果就不会出现(现实中，很少有人类活动会要求如此完美，所以人类对它本来就不习惯)。实际上，我认为，学习编程最困难的部分是适应对完美的要求[1]。

其次，苦恼来自由他人来设定目标、供给资源和提供信息。编程人员很少能控制工作环境和工作目标。用管理的术语来说，个人的权威和他所承担的责任是不匹配的。不过，似乎在所有的领域，面对要完成的工作，很少能提供与责任相匹配的正式权威。而现实情况中，实际(相对于形式)的权威来自每次任务的完成。

对于系统编程人员而言，对其他人的依赖是一件非常痛苦的事情。系统编程人员会基于其他人的程序完成工作，而这些程序往往设计得并不合理、实现拙劣、发布不完整(没有源代码或测试用例)或者文档记录得很糟。所以，系统编程人员不得不花费时间去研究和修改那些在理想情况下本应该是可靠的、可用的和完整的程序。

下一个苦恼——设计宏大概念是有趣的，但寻找琐碎的bug却是一项重复性的活动。创造性活动往往与枯燥、沉闷和艰苦的劳动相伴，程序编写工作也不例外。

另外，人们发现调试和查错是线性收敛的，或者更糟糕的是，有人会期望以二次方的方式结束。结果，测试一拖再拖，寻找最后的困难错误比寻找第一个错误花费更多的时间。

最后一个苦恼，有时也是压垮骆驼的最后一根稻草——投入了大量辛苦的劳动，产品在即将完成或者终于完成的时候，却已显得陈旧过时。可能是同事和竞争对手已在追逐新的、更好的构思，也可能不仅仅是在构思替代方案，而是已经在安排了。

现实情况比上面所说的通常要好一些。当产品开发完成时，更优秀的新产品通常还不能投入使用，而仅仅是被大家谈论而已。另外，它同样需要数月的开发时间。除非确实要用上，否则真老虎永远敌不过纸老虎。这样，现实的美德就得了自我满足。

诚然，系统开发所采用的技术在不断地进步。一旦设计被冻结，在概念上就已经开始陈旧了。不过，实际产品需要一步一步按阶段实现。产品落后与否应根据其他已有的实现来衡量，而不是未实现的概念。因此，我们所面临的挑战和任务是基于实际的进度和可得的资源，寻找解决实际问题的切实可行方案。

这，就是编程，一个让许多人痛苦挣扎的焦油坑，以及一项乐趣和苦恼共存的创造性活动。对许多人而言，编程所带来的快乐远远大于苦恼。本书的以下章节将试图在焦油上铺设一些木板路。

第2章

人月神话

美食的烹调需要时间：片刻等待，更多美味，更多享受。

——新奥尔良市安托万餐厅的菜单

Restaurant Antoine

Fondé En 1840

AVIS AU PUBLIC

Faire de la bonne cuisine demande un certain temps. Si on vous fait attendre, c'est pour mieux vous servir, et vous plaire.

ENTREES (SUITE)

Côtelettes d'agneau grillées 2.50
Côtelettes d'agneau aux champignons frais 2.75
Filet de boeuf aux champignons frais 4.75
Ris de veau à la financière 2.00
Filet de boeuf nature 3.75
Tournedos Médicis 3.25
Pigeonneaux sauce paradis 3.50
Tournedos sauce béarnaise 3.25
Entrecôte minute 2.75
Filet de boeuf béarnaise 4.00
Tripes à la mode de Caen (commander d'avance) 2.00

Entrecôte marchand de vin 4.00
Côtelettes d'agneau maison d'or 2.75
Côtelettes d'agneau à la parisienne 2.7
Fois de volaille à la brochette 1.50
Tournedos nature 2.75
Filet de boeuf à la hawaïenne 4.00
Tournedos à la hawaïenne 3.25
Tournedos marchand de vin 3.25
Pigeonneaux grillés 3.00
Entrecôte nature 3.75
Châteaubriand (30 minutes) 7.0

LÉGUMES

Epinards sauce crême .60
Broccoli sauce hollandaise .80
Pommes de terre au gratin .60
Haricots verts au berre .60
Chou-fleur au gratin .60
Asperges fraiches au beurre .90
Carottes à la crème .60
Pommes de terre soufflées .6
Petits pois à la française .75

SALADES

Salade Antoine .60
Salade Mirabeau .75
Salade laitue au roquefort .80
Salade de laitue aux tomates .60
Salade de légumes .60
Salade d'anchois 1.00
Fonds d'artichauts Bayard .9
Salade de laitue aux oeufs .60
Tomate frappée à la Jules César .60
Salade de coeur de palmier 1.00
Salade aux pointes d'asperges .60
Avocat à la vinaigrette .60

DESSERTS

Gâteau moka .50
Méringue glacée .60
Crêpes Suzette 1.25
Glace sauce chocolat .60
Fruits de saison à l'eau-de-vie .75
Omelette soufflée à la Jules César (2) 2.00
Omelette Alaska Antoine (2) 2.50
Cerises jubilé 1.25
Crêpes à la gelée .80
Crêpes nature .70
Omelette au rhum 1.10
Glace à la vanille .50
Fraises au kirsch .9
Pêche Melba .6

FROMAGES

Roquefort .50
Camembert .50
Liederkranz .50
Gruyère .50
Fromage à la crême Philadelphie .50

CAFÉ ET THÉ

Café .20
Café brulôt diabolique 1.00
Café au lait .20
Thé glacé .20
Thé .20
Demi-tasse .1

EAUX MINERALES—BIERE—CIGARES—CIGARETTES

White Rock
Vichy
Cliquot Club
Bière locale
Canada Dry
Cigare
Cigarettes

Roy L. Alciatore, Propriétaire
713-717 Rue St. Louis Nouvelle Orléans, Louisiane

新奥尔良市安托万餐厅的菜单

注：安托万餐厅成立于1840年。

在众多软件项目中，缺乏合理的进度安排是造成项目滞后的最主要原因，它比其他所有因素加起来的影响还要大。软件项目的进度安排不合理普遍发生的原因是什么呢?

第一，我们的估算技术还很不成熟，说得更严重一些，它们反映了一个悄无声息但很不真实的假设——一切都将运作良好。

第二，采用的估算技术隐含地假设人和月可以互换，错误地将进度与工作量相互混淆。

第三，由于对自己的估算缺乏信心，软件经理通常缺少安托万大厨那样的有礼貌的固执。

第四，对进度缺少监控。在其他工程领域已被验证而且例行使用的技术，在软件工程中却被认为是激进的革新。

第五，当意识到进度有偏移时，下意识(以及传统)的反应是增加人力。这就像使用汽油灭火一样，只会使事情更糟。汽油会导致越来越大的火势，从而进入一个注定会导致灾难的循环。

进度监督可以单独写一篇文章。在这里，我们来更详细地考虑问题的其他方面。

Ⓢ 乐观主义

所有的编程人员都是乐观主义者。可能是这种现代魔法特别吸引那些相信美满结局的人；也可能是成百上千琐碎的挫折赶走了大多数人，只剩下了那些习惯上只关注结果的人；还可能仅仅因为计算机还很年轻，程序员更加年轻，多数年轻人都是乐观主义者，他们坚信，无论什么样的程序，结果是毋庸置疑的：“这次它肯定会运行”或者“我刚刚找出最后一个错误”。

所以系统编程的进度安排背后的第一个错误的假设是：一切都

将正常运转，每一项任务仅花费它所“应该”花费的时间。

对这种弥漫在编程人员中的乐观主义，理应受到慎重的分析。Dorothy Sayers在她的优秀著作《创造者的思想》(*The Mind of the Maker*)中，将创造性活动分为三个阶段：构思、实现和交流。书籍、计算机或者程序，首先是作为一个构思或模型出现在作者的脑海中，它与时间和空间无关。接着，借助钢笔、墨水和纸，或者电线、硅片和铁氧体，在现实的时间和空间中实现它们。然后，当某人阅读书籍、使用计算机和运行程序的时候，他与作者的思想相互沟通，创造过程从而得以结束。

Sayers的阐述不仅仅可以描绘人类的创造性活动，而且会有助于我们的日常工作。对于创造者，只有在实现的过程中，构思的不完整和不一致才会变得清晰。因此，对于理论家而言，书写、试验及“工作实现”是非常基本和必要的。

在许多创造性活动中，往往很难掌握活动实施的介质，例如木头切割、油漆涂抹、电气接线等。这些介质的物理特性限制了思路的表达，它们同样对构思的实现带来了许多预料之外的困难。

由于物理介质和思路中隐含不完善性，构思实现起来需要付出时间和精力。对遇到的大部分困难，我们总是倾向于责怪那些物理介质，因为物理介质不是“我们的”，而思路是“我们的”。我们的自尊心使判断带上了主观色彩。

然而，计算机编程往往基于十分容易掌握的介质，编程人员只需要通过纯粹的思维活动及灵活的表现形式来构建。正是由于介质易于驾驭，我们通常期待在实现过程中不会碰到困难，因此造成了乐观主义的弥漫。而我们的思路是有缺陷的，因此总会发现bug。也就是说，我们的乐观主义并不应该是理所应当的。

在单个的任务中，“一切都将正常运转”的假设在进度上具有概率效应。的确可以这样说，将要遇到的延迟存在一个概率分布，而“没有延迟”的概率是有限的。然而，大型的编程工作通常包含很多任务，某些任务之间还具有前后的次序，从而使一切都正常运转的概率变得非常小，甚至接近于零。

Ⓢ 人月

第二个存在谬误的思考方式是在时间估算和进度安排中使用的工作量单位：人月。成本的确随人数和月数的乘积而变化，进度却不是如此。因此我认为，用人月衡量一项工作规模的大小是一个危险和带有欺骗性的神话。它暗示着人员数量和时间是可以相互替换的。

人员数量和时间的互换仅仅适用于以下情况：某个任务可以分解完全给参与人员，并且他们之间不需要相互的交流(见图2-1)。这在收割小麦或采摘棉花的工作中是可行的，而在系统编程中近乎不可能。

当任务由于次序上的约束而不能分解时，人手的添加对进度没有帮助(见图2-2)。无论分配给多少女人，孕育一个生命都需要九个月。由于除错存在次序特性，因此许多软件任务都具有这种特征。

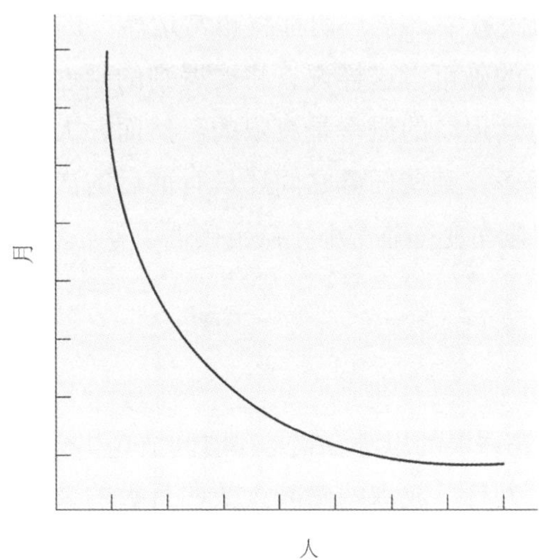

图2-1　时间和人员数量的关系——可以完全分解的任务

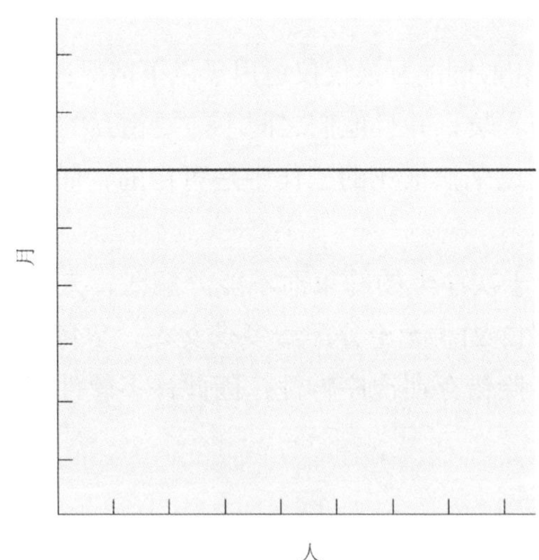

图2-2　时间和人员数量的关系——无法分解的任务

对于可以分解，但子任务之间需要相互沟通的任务，必须在计划工作中考虑沟通的工作量。因此，在相同人月的前提下，采用增加人手来减少时间可以得到的最好情况，比未调整前差一些(见图2-3)。

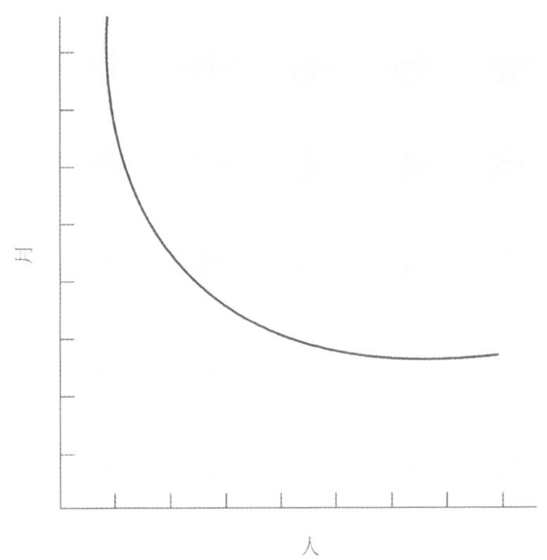

图2-3　时间和人员数量的关系——需要沟通的可分解任务

沟通所增加的成本由两个部分组成：培训成本和沟通成本。每个成员需要进行技术、任务目标、总体策略以及工作计划的培训，这种培训是不能分解的，因此这部分增加的工作量随人员的数量呈线性变化[1]。

需要沟通的情况更糟一些。如果任务的每个子任务必须分别与其他部分单独协作，则工作量为2个人的$n(n-1)/2$倍。在一对一交流的情况下，3个人的工作量是2个人的3倍，4个人的工作量则是2个人的6倍。如果需要在三四个人之间召开会议共同解决问题，情况会更加恶劣。所增加的用于沟通的工作量可能会完全抵消对原有任务分解所产生的作用，此时人员数量和时间将呈现图2-4所示的关系。

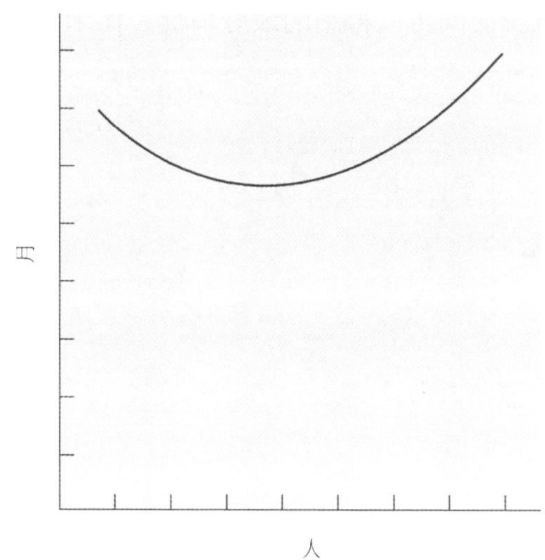

图2-4　时间和人员数量的关系——关系错综复杂的任务

因为构造软件本质上是一项系统性的工作，是错综复杂关系下的一种操练，沟通的工作量非常大，它会大量消耗任务分解所节省下来的个人任务时间。因此，添加更多的人手，实际上是延长了而不是缩短了时间进度。

Ⓢ 系统测试

在进度安排中，没有哪个部分像构件调试和系统测试那样如此彻底地受到次序约束的影响。而且，需要的时间依赖于所遇到错误的数量及其微妙程度。理论上，错误的数量应该为零。但是，由于我们的乐观主义，通常实际出现的bug数量比预料的要多得多。因此，测试进度的安排常常是编程中最不合理的部分。

对于软件开发任务的进度安排，以下是我成功使用了很多年的经验法则：

- 1/3用于计划
- 1/6用于编码
- 1/4用于构件测试和早期系统测试
- 1/4用于系统测试，此时所有的构件已就绪

在几个重要的方面，它与传统的进度安排方法不同。

(1) 分配给计划的时间比传统的多。即便如此，也只能勉强产生详细和可靠的规格说明，并不足以开展对全新技术的研究和探索；

(2) 对所完成代码的调试投入近一半的时间，这比传统的安排多很多；

(3) 容易估计的部分，如编码，仅仅分配了六分之一的时间。

通过对传统项目进度安排的研究，我发现很少有项目允许为测试分配一半的时间，但大多数项目的测试实际上花费了进度中一半的时间。它们中的许多项目在系统测试之前的进度还能与计划保持一致。或者说，除了系统测试，进度基本能够保证[2]。

特别需要指出的是，不为系统测试安排足够的时间简直就是一场灾难。因为延迟发生在时间表的最后阶段，几乎直到接近项目的发布日期，才有人发现进度上的问题。坏消息通常会很晚且没有任何预兆地出现在客户和管理层面前，让他们感到不安。

另外，此时此刻的延迟会造成不寻常的、糟糕的财务和心理上的恶果。在此之前，项目已经人员饱满，每天的人力成本也已经达到了最大的限度。更为严重的是，该软件是要支持其他商业活动(计算机硬件运送、新设施操作等)的，若在此时出现延误，所付

出的二次成本是非常高昂的。实际上，上述的二次成本远远高于其他开销。因此，在早期进度策划时，留出充分的测试时间是非常重要的。

Ⓢ 怯懦的估算

注意，编程人员和厨师一样，顾客的紧迫程度可能会控制任务完成的时间表，但紧迫程度无法控制实际完成情况。就像承诺在两分钟内做好一个煎蛋饼，看上去可能进行得非常好，但当它无法在两分钟内完成时，顾客只有两个选择：等待或者生吃。软件顾客也面临同样的选择。

厨师还有另一个选择：他可以把火开大，不过结果常常是得到无法“挽救”的煎蛋饼——一面已经焦了，而另一面还是生的。

现在，我并不认为软件经理内在的勇气和信心不如厨师，或者不如其他工程经理。但为了满足顾客期望的日期而造成的不合理进度安排，在软件领域却比其他任何工程领域要普遍得多。一个不是由量化方法得来、缺乏数据支持，主要靠经理们的直觉来认证的估算，让人很难对它做出有力、合理而且带有职业风险的辩护。

显然，我们需要两种解决方案。我们需要开发和公布生产率统计数字、缺陷率统计数字、估算规则等，只有通过分享这些数据，整个行业才能受益。

更可靠的估算基础出现之前，每个经理需要挺直腰杆，捍卫他们的估算，确信自己可怜的直觉得出的结果总比从期望中派生出的估算强。

Ⓢ 重复产生的进度灾难

当一个重要的软件项目落后于进度时，通常的做法是什么呢？自然是加派人手。如图2-1 ~ 图2-4所示，这可能有帮助，也可能没有。

我们来考虑一个例子[3]。设想一个估计需要12人月的任务，分派给3个成员在4个月的时间内完成，并在每个月的末尾安排了可测量的里程碑A、B、C、D(见图2-5)。

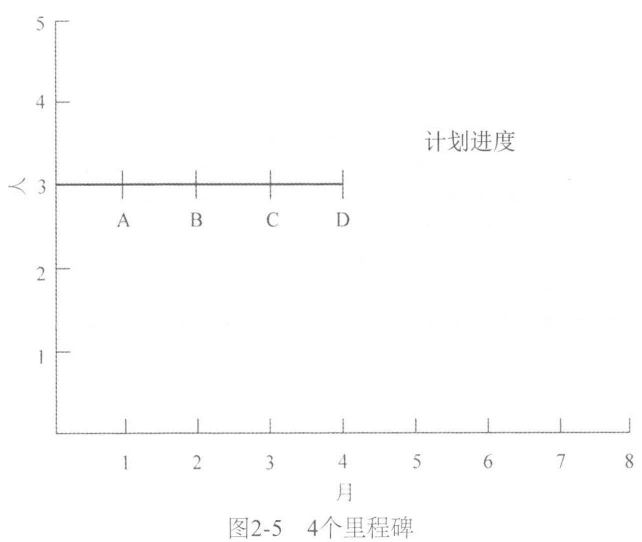

图2-5 4个里程碑

现在假定两个月之后，第一个里程碑才达到(见图2-6)。经理面对的选择有哪些呢？

(1) 假设任务必须按时完成。假设仅仅是任务的第一部分估算不当，因此，图2-6的描述是准确的。则剩余9人月的工作量，时间还有两个月，所以需要4.5个人，在原来3个人的基础上增加2个人。

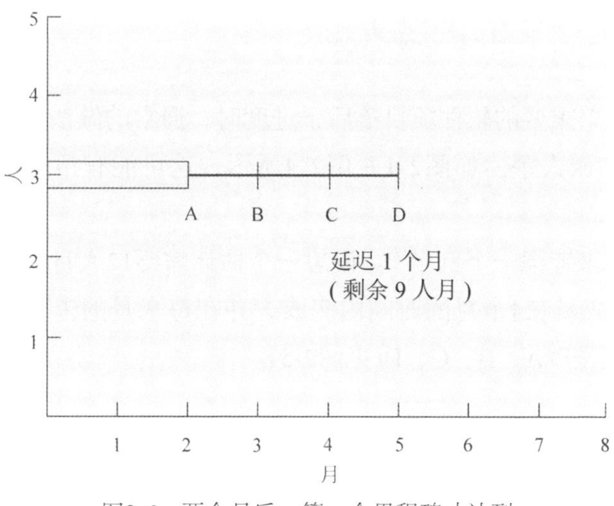

图2-6　两个月后，第一个里程碑才达到

(2) 假设任务必须按时完成。假设整个任务的估算都偏少，如图2-7所示，那么还有18人月的工作量，时间还有2个月，所以需要9个人，在原来3个人的基础上增加6个人。

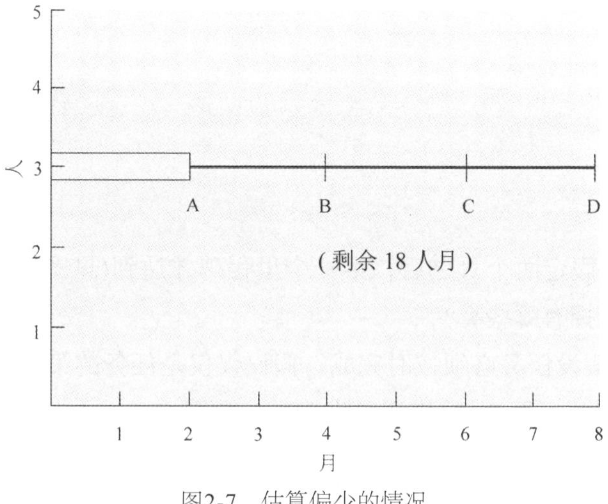

图2-7　估算偏少的情况

(3) 重新安排进度。我喜欢P. Fagg，一个具有丰富经验的硬件工程师的忠告：“不要让小的偏差留着。”(Take no small slips.)也就是说，在新的进度安排中留出充分的时间，以确保工作能仔细、彻底地完成，从而无须重新安排时间进度表。

(4) 削减任务。在现实情况中，当开发团队发觉进度的偏差时，往往倾向于削减任务。当项目延期所导致的二次成本非常高时，这是唯一可行的方法。经理能采用的备选方案只有：要么正式、仔细地削减，要么重新安排时间表，要么眼巴巴地看着任务被匆忙的设计和不完整的测试默默地削减。

在前两种情况下，坚持把不经调整的任务在4个月内完成将是灾难性的。考虑到重复的工作量，以方案(1)为例——不论在多么短的时间内，聘请到两名多么能干的新员工，他们都需要接受一位有经验的员工的培训。如果培训需要一个月的时间，那么会有3人月投入原有估算以外的工作中。另外，原先划分为3部分的工作，必须重新分解成5部分；因此，某些已经完成的工作会丢失，系统测试必然被延长。因此，在第3个月的月末，仍然残留超过7人月的工作量，有5名经过培训的人和1个月的时间可用。如图2-8所示，产品还是会延期，和没有增加任何人手时一样。

期望在4个月内完成项目，仅仅考虑培训的时间，不考虑任务的重新划分和额外的系统测试，在第2个月末需要增添4人，而不是2人。如果考虑重新划分和系统测试的影响，则还需要继续增加人手。到那时所拥有的就不是3人的团队，而是7人以上的团队，这样一来，团队的组织和任务的划分就有了本质的区别，而不仅仅是程度上的差异。

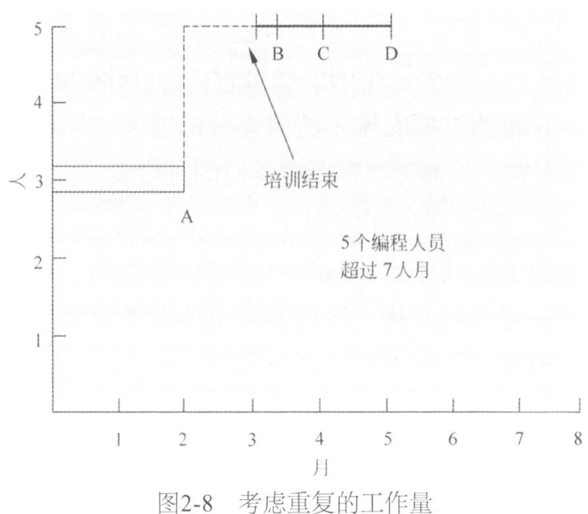

图2-8　考虑重复的工作量

注意在第3个月的结尾时，情况看上去非常糟。尽管已经做出了所有的管理方面的努力，3月1日的里程碑仍未达到。此时，增加更多人手有着很强的诱惑，结果是上述情况的循环与重复。这简直就是一种疯狂的做法。

前面的讨论仅仅假设第一个里程碑估算不当。如果在3月1日，项目经理做出了比较保守的假设，即整个时间表过于乐观了，如图2-7所示，那么需要添加6个人到原先的任务中。这里，我们把培训、任务的重新分配、系统测试影响的计算作为练习留给读者。但是毫无疑问，重复“灾难”所开发出的产品，比没有增加人手，而是重新安排开发进度所产生的产品完成得更晚，质量更差。

我们用极简的方式提出Brooks定律：

向进度落后的软件项目增加人手，会使进度更加落后。(Adding manpower to a late software project makes it later.)

这就是除去了神话色彩的人月。项目的月数依赖于次序上的约束，人员的最大数量依赖于独立子任务的数量。从这两个数值可以推算出进度表，该表安排的人员较少，花费的时间较长(唯一的风险是产品可能会过时)。相反，分派较多的人手，计划较短的时间，所得到的进度安排是不可行的。在众多软件项目中，缺乏合理的进度安排是造成项目滞后的最主要原因，它比其他所有原因加起来的影响还要大。

第3章

外科手术团队

这些研究揭示，效率高和效率低的实施者之间个体差异非常大，经常能够达到数量级的水平。

——Sackman、Erikson和Grant[1]

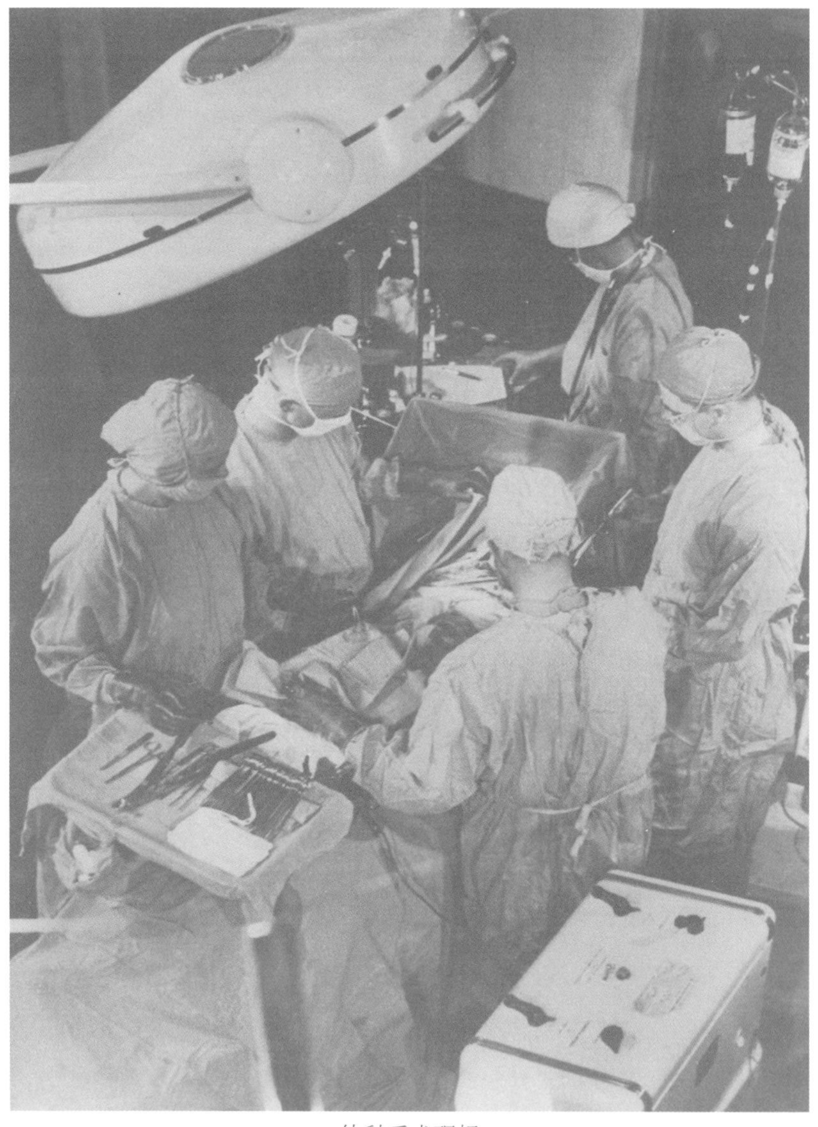

外科手术现场

资料来源：UPI[United Press International] Photo/The Bettman Archive

在计算机领域的会议中，常常听到年轻的编程经理声称，他们喜欢由一流人才组成的小型精干团队，而不是由几百名(平庸的)程序员来完成项目。其实我们都是这样想的。

但这种二选一的幼稚观点回避了一个很困难的问题——如何在有意义的进度安排内构建大型的系统？下面更仔细地讨论一下这个问题的每一面。

Ⓢ 问题

编程经理很早就认识到优秀编程人员和平庸编程人员之间生产率的差异，但实际测量出的差异令我们所有人吃惊。在Sackman、Erikson和Grant的一项研究中，他们测量了一组经验丰富的编程人员的表现。仅在该小组内，最好的编程人员和最差的编程人员的生产率比值为10：1；在编程速度和空间上具有5：1的惊人差异！简言之，20 000美元/年的程序员的生产率可能是10 000美元/年的程序员的10倍。数据显示，有经验和实际的表现没有任何相关(我怀疑这是否普遍成立)。

我之前曾说过，需要协作沟通的人员数量影响开发成本，因为成本的主要组成部分是沟通以及更正沟通不当所引起的不良结果(系统调试)。这一点，也暗示系统应该由尽可能少的人员来建造。实际上，绝大多数大型编程系统开发经验显示，一拥而上的开发方法是高成本的、速度缓慢的、低效的，产出的往往是无法在概念上进行集成的系统。OS/360、Exec 8、Scope 6600、Multics、TSS、SAGE等，这个列表可以继续下去。

得出的解决方案很简单：如果在一个200人的项目中，有25个最能干和最有编程经验的经理，那么开除剩下的175个小兵，让经理回来编程。

现在来验证一下这个解决方案。一方面，这个开发团队不是通常所说的不超过10个人的、理想的小型精干团队，该团队的规模如此之大，以至于至少需要两个层级的管理，或者大约5名管理人员。另外，它需要额外的财务、人事、空间、文秘和机器操作员的支持。

另一方面，如果采用一拥而上的开发方法，那么原有的200人的团队仍然不足以建造真正的大型系统。例如，拿OS/360项目来说，当项目进行到顶峰时，有超过1 000人在为它工作——程序员、文档编制人员、机器操作员、文员、秘书、管理人员、支持小组等。从1963年到1966年，设计、构造和文档工作花费了大约5 000人年。如果人月可以等量置换的话，我们所假设的200人的队伍则需要25年的时间，才能使产品达到现有的水平。

这就是小型精干团队的问题：对于真正意义上的大型系统，它太慢了。设想OS/360由一个小型精干团队来解决，譬如一个10人团队。作为约束条件，假设他们都非常能干，比一般的编程人员在编程和文档方面的生产率高7倍。同时假设OS/360原本由一些平庸的编程人员(这与实际情况相差很远)建造。同样作为一个标准，假设另一个生产率的改进因子为7，因为人数较少的队伍所需的沟通和交流较少。同时假设同样的队伍完成的是同样的工作。那么，5 000/(10 × 7 × 7)≈ 10，即他们可以在10年内完成该5 000人年的工作。一个产品在最初设计的10年后才投入使用，还有人会对它感兴趣吗？或者它是否会随着软件技术的快速发展，而显得过时呢？

这种进退两难的境地是非常残酷的。从效率和概念的完整性角度来说，人们更喜欢少数优秀的头脑来设计和构造；而对于大型系统，则需要大量的人手，以使产品能在时间上满足要求。如何调和这两方面的矛盾呢?

Mills 的建议

Harlan Mills的建议提供了一个崭新的、创造性的解决方案[2, 3]。Mills建议大型项目的每一部分由一个团队解决，但是该团队以类似外科手术团队的方式组建，而不是杀猪团队。也就是说，不是每个成员都拿刀乱砍，而是只有一个人操刀，其他人给予他各种支持，以提高效率和生产力。

稍加思考就可以发现，如果上述概念能够实施，它可以满足迫切性的需要。只有少数几个头脑参与设计和构造，然而却能聚集很多人。它是否可行呢？谁是编程团队中的“麻醉医生”和“护士”，工作如何划分？让我们继续使用医生的比喻：如果考虑所有可能想到的支持工作，这样的队伍应该如何运作?

外科医生。Mills称他为首席程序员。他亲自定义功能和性能规约、设计程序、编制源代码、测试，以及编写文档。他使用PL/I等结构化编程语言，拥有对计算机系统的访问能力；该计算机系统不仅能够进行测试，还能够存储程序的各种版本，以允许简单的文件更新，并对其文档提供文本编辑能力。首席程序员需要极高的天分、丰富的经验，以及应用数学、业务数据处理或其他方面的大量系统知识和应用知识。

副手。他是外科医生的后备，能做任何一部分工作，但是拥有的经验相对较少。他的主要作用是作为思考者、讨论者和评估者参与到设计中。外科医生会与他沟通想法，但不受到他建议的限制。副手经常在与其他团队讨论有关功能和接口问题时代表自己的团队。他详细了解所有的代码，研究备选的设计策略。显然，他充当外科医生的保险机制以防止事故。他甚至可能编写代码，但不对代码的任何部分负责。

管理员。外科医生是老板，必须在人员、薪酬、空间等方面具有决定权，但他绝对不能在这些事务上浪费时间。因而，他需要一个管理金钱、人员、空间和机器的专业人员，该管理员充当与组织中其他行政机构的接口。Baker建议，仅在项目具有实质性的法律、合同、报表和财务方面的需求时，管理员才全职为团队工作。否则，一个管理员可以为两个团队服务。

编辑。外科医生负责文档的生成——为了尽可能不含糊，他必须亲自编写，无论是对内部描述还是对外部描述。而编辑根据外科医生的草稿或者口述，进行分析和重新组织，提供各种参考信息和书目，对多个版本进行维护，并监督文档生成的机制。

两个文秘。管理员和编辑每个人需要一个文秘。管理员的文秘负责非产品文件和使项目协作一致。

程序文员。他负责维护编程产品库中团队的所有技术记录。该职员接受文秘性质的培训，承担机器可读以及人类可读文件的相关管理责任。

所有计算机输入都由文员来处理，文员负责在需要的时候记录并录入。输出列表返回给他，由他进行归档和编制索引。任何模型的最新运行情况都保存在一本状态笔记本中，而所有以前的结果则按时间顺序进行归档保存。

对Mills的概念来说，至关重要的是编程“从私人艺术到公共实践”的转换。它向所有的团队成员展现了所有计算机的运行和产物，并将所有的程序和数据看作团队财产，而非私人财产。

程序文员的专业化分工，使程序员从文书等杂事中解放出来，那些经常被忽视的杂事被系统化并确保在合适的时候做掉，并强化了团队最有价值的资产——工作产品。上述概念显然考虑的是批处理程序。当使用交互式终端，特别是在没有纸张输出的情况下，程序文员的职责并未消失，只是有所更改。他记录团队程序副本的所有更新，这些更新来自私有工作副本。他依然处理所有批处理的运行，并使用自己的交互式工具来控制成长中的产品的完整性和有效性。

工具维护人员。现在已经有很多文件编辑、文本编辑和交互式调试等服务，因此团队很少再需要自己的机器和机器操作人员。但是这些服务使用起来必须毫无疑问地具备令人满意的响应和可靠性。外科医生必须是对这些服务是否充分可用的唯一评判人员。他需要一个工具维护人员，保证基本服务充足，以及承担团队所需要的特殊工具(特别是交互式计算机服务)的构建、维护和升级责任。即使已经拥有非常卓越的、可靠的集中式服务，每个团队仍然要有自己的工具维护人员，因为他的工作是保证他的外科医生得到所需要的工具，而不是其他团队的需要。工具建造人员常常要构造专用的实用程序，并为过程以及宏库编目。

测试人员。外科医生需要大量合适的测试用例，用来对他所编写的工作片段，以及对整个工作进行测试。因此，测试人员既是从功能规约设计系统测试用例的敌手，也是为他的日常调试设计测试数据的助手。他还负责计划测试序列和为组件测试搭建脚手架。

语言律师。随着Algol语言的出现，人们开始认识到，在大多数计算机项目中，总有一两个人喜欢掌握编程语言的复杂技巧。这些专家是非常有帮助的，大家会向他咨询。他的才能与外科医生有所不同。外科医生主要是系统设计者以及考虑系统的整体表现，而语言律师则寻找一种简洁、有效的语言使用方法来解决困难、晦涩或者棘手的问题。他通常需要对技术进行一些研究(2 ~ 3天)。一个语言律师可以为2 ~ 3个外科医生服务。

以上就是如何参照外科手术团队对10人的编程团队进行专业化的角色分工。

Ⓢ 如何运作

刚才定义的团队从几个方面满足了迫切性的需要。10个人，其中7个专业人士在解决问题，而系统是一个人或者最多两个协作无间的人思考的产物。

要特别注意传统的团队与外科手术式团队架构之间的区别。首先，传统的团队将工作进行划分，每人负责一部分工作的设计和实现。在外科手术式团队中，外科医生和副手都了解所有的设计和全部的代码。这节省了空间分配、磁盘访问等的工作量，同时也确保了工作的概念完整性。

第二，在传统的团队中大家是平等的，出现观点的差异时，不可避免地需要讨论和进行相互的妥协。由于工作和资源的分解，不同的意见会造成策略和接口上的不一致，例如谁的空间会被用作缓冲区，而事实上最终它们必须整合在一起。而在外科手术式团队中，不存在利益的差别，观点的不一致之处可以由外科医生单方面来解决。外科手术式团队与传统团队的差异——对问题不进行分解和上下级的关系——使外科手术式团队可以协作无间。

另外，团队中剩余人员职能的专业化分工是高效的关键，它使成员之间采用非常简单的交流模式成为可能，如图3-1所示。

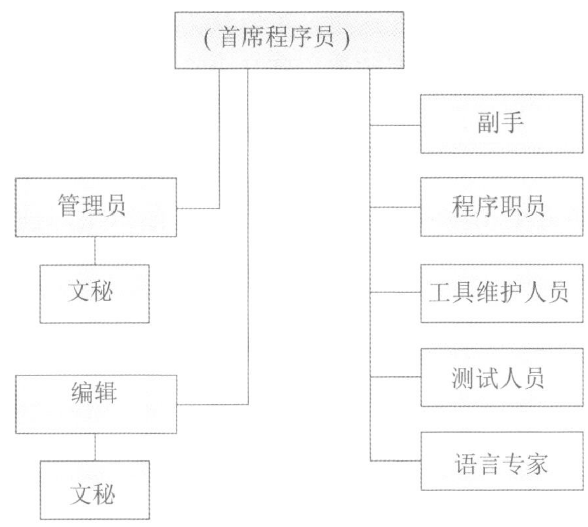

图3-1 10人程序开发团队的沟通模式

Baker的文章[3]提出了专一的、小规模的测试队伍。在这种情况下，它能按照所预期的进行运作，并具有良好的效果。

Ⓢ 团队的扩建

现在所面临的问题是如何完成5 000人年的项目，而不是20或30人年规模的系统。如果整个工作能在控制范围之内，10人的团队无论如何组织，总是比较高效的。但是，当我们需要面对几百人参与的大型任务时，应该如何应用外科手术式团队的概念呢？

团队扩建过程的成功依赖于这样一个事实，即每部分的概念完整性得到了彻底的提高——决定设计的人员是原来的1/7或更少。所以，可以让200个人去解决问题，而仅仅需要协调20个人，即那些“外科医生”的思路。

对于协调的问题，仍然需要使用分解的技术，我们会在后续的章节中继续进行讨论。在这里，可以认为整个系统必须具备概念上的完整性，要有一个系统架构师从上至下地进行所有的设计。要使工作易于管理，必须清晰地划分体系结构设计和实现之间的界线，系统架构师必须一丝不苟地专注于体系结构。总体说来，上述的角色分工和技术是可行的，在实际工作中，具有非常高的效率。

第4章

贵族制、民主制和系统设计

大教堂是艺术史上无与伦比的成就。它所宣扬的理念既不乏味也不混乱……它是一种风格的巅峰之作。要完成这样一件艺术品，艺术家们要首尾融会贯通前辈的成果，同时也完全掌握他们那个时代的技术，并在运用这些技术时做到恰如其分，避免轻浮的炫耀，也绝不花哨。

无疑当初正是Jean d'Orbais构思出了这个建筑的总体规划，这个规划得到了其后继者的认同，至少在基本要素方面如此。这就是教堂能达到极致的和谐和统一的原因之一。

——《兰斯大教堂指南》[1]

E. 布多-拉莫特拍摄的兰斯大教堂内景

Ⓢ 概念上的完整性

绝大多数欧洲的大教堂中，由不同时代、不同建筑师所建造的各个部分之间，在规划或架构风格上都存在着差异。后来的建筑师总是试图在早期设计的基础上有所“改进”，以反映时尚的变化以及个人趣味的不同。所以，宁静的诺曼式耳堂和高耸的哥特式中殿相邻而且互相冲突，在显示神的荣耀的同时，也展示了建筑师的自负。

与之对应的是，兰斯大教堂的架构一致性与上面所说的大教堂形成了鲜明的对比。设计的一致性和那些独到之处一样，同样让观光者赞叹和喜悦。如同旅游指南所述，风格的一致和完整性来自八代拥有自我约束和牺牲精神的建筑师们，他们每一个人牺牲了自己的一些创意，以获得更纯粹的整体设计。这样的结果不仅显示了神的荣耀，也体现了他拯救沉醉在傲慢中的人的力量。

对于大多数编程系统而言，尽管它们没有花费几个世纪的时间来构建，它们体现出的概念不一致远远超过欧洲的大教堂。这通常并不是因为它由不同时代的设计师设计，而是由于设计被分成了很多任务，由很多人完成。

我主张，在系统设计中，概念完整性应该是最重要的考虑因素。也就是说，为了反映一系列连贯的设计思路，宁可让系统省略一些不规则的特性和改进，也不提倡在系统中包含很多独立和无法协调的好想法。在本章和接下来的两章里，我们将解释这个主题在编程系统设计中的重要性。

- 如何获得概念的完整性？
- 这样的观点是否意味着出现架构师精英或贵族，以及一群创造性天赋和构思被压制的平民实现人员？

- 如何避免架构师制订出无法实现，或者代价高昂的技术规格说明，使大家陷入困境？
- 如何确保架构规格的每一个琐碎细节都能够传达给实现人员，由他正确理解并精确地整合到产品中？

Ⓢ 获得概念的完整性

编程系统的目的是使计算机更加容易使用。为了做到这一点，计算机装备了语言和各种工具，这些工具实际上也是被编程语言调用和控制的程序。使用这些工具是有代价的：编程系统外部描述的规模是计算机系统本身外部描述的10～20倍。用户会发现具体说明一个特定功能是很容易的，但相应地有太多的选择，要记住太多的选项和格式。

只有当这些功能规约节约下来的时间，比花费在学习、记忆和搜索手册上的时间要多时，易用性才会得到提高。对于现代编程系统来说，收益确实超过成本，但近年来随着越来越多的复杂功能被添加，收益和成本的比值似乎已经下降。IBM 650的易用性总萦绕在我的脑际，即使该系统没有汇编器和任何其他软件。

由于目标是易用性(simplicity)，功能与概念的复杂程度的比值才是系统设计的最终测试标准。单是功能本身或者简洁性都无法成为一个好的设计评判标准。

然而这一点被广泛地误解了。操作系统OS/360被它的建造者誉为建造过的最好的系统，因为毋庸置疑，它的功能最多。功能，而非简洁性，一直是其设计师用来衡量优秀的标准。另一方面，PDP-10的时分系统却由于它的简洁性和概念的精干被其建造者誉为最佳。当然，无论使用任何测量标准，后者的功能与

OS/360都不在一个数量级上。但是，一旦以易用性作为衡量标准，单独的功能和简洁性都是不均衡的，都只达到了真正目标的一半。

对于给定级别的功能，能用最简洁和直接的方式来指明事情的系统是最好的。只有简洁是不够的。Mooers的TRAC语言和Algol 68用很多独特的基本概念的方法进行衡量，达到了所需的简洁特性，但它们并不直白(straightforward)。要表达一件待完成的事情，常常需要对基本元素进行意料不到的复杂组合。而且，仅仅了解基本要素和组合规则还不够，还需要学习惯用的用法，以及整套元素在实际工作中如何进行组合。简洁和直白来自概念的完整性。每一部分必须反映相同的哲学以及相同的权衡。甚至在语法上，每一部分都必须使用相同的技巧；在语义上，使用类似的概念。因此，易用性需要设计的一致性和概念的完整性。

贵族制和民主制

概念的完整性要求设计来自一个人，或者来自非常少数互有默契的人，而进度压力却要求很多人员来建造系统。有两种方法可以解决这种矛盾：第一种是仔细划分架构和实现的工作；第二种是前一章中所讨论的、一种崭新的组建编程实现团队的方法。

对于非常大型的项目，将架构工作与实现相分离是获得概念完整性的强有力方法。我目睹了它在IBM的Stretch计算机和System/360计算机产品线上获得巨大成功。我也看到它在OS/360操作系统上由于缺乏应用而遭受了失败。

系统的架构(译者注：本书中使用的架构与现有广为业界所接受的架构略有不同，后者往往指系统的框架，属于设计层次，而前者更加偏重于现今的需求概念)指的是完整和详细的用户接口规约。对于计算机，它是编程手册；对于编译器，它是语言手册；对于控制程序，它是语言和函数调用手册；对于整个系统，它是用户要完成自己全部工作所需要参考的手册的集合。

因此，系统的架构师，如同建筑的架构师一样，是用户的代理人。架构师的工作是运用专业技术知识来支持用户的真正利益，而不是维护销售人员、制造商所鼓吹的利益[2]。

必须仔细地将架构同实现区分开。如同Blaauw所说的，“架构陈述的是发生了什么，而实现描述的是如何让它发生[3]。”他举了一个简单的例子——时钟。时钟的架构包括表盘、指针和上发条的旋钮。当一个小孩知道了这个架构，他很容易通过手表或者教堂钟塔辨认时间。而时钟的实现，描述了表壳内的运作机制——多种动力提供机制中的一种，以及众多控制精度方案的一种。

例如，在System/360中，单个计算机架构可以在九种不同的型号上有不同的实现，反过来单个实现——Model 30的数据流、内存和微代码实现——可以在不同的时间服务于四种不同的架构：System/360计算机、拥有高达224个独立逻辑子通道的复杂通道、选择器通道以及1401计算机[4]。

同样的区分也适用于编程系统。例如，美国的Fortran IV标准是多种编译器所遵循的架构标准，该架构下有多种可能的实现：以文本为核心或以编译器为核心，快速编译或优化，语法导向或特设。类似地，任何汇编语言或作业控制语言都允许由多种汇编器或调度程序来实现。

现在我们可以处理具有浓厚感情色彩的问题——贵族制对民主制。架构师难道不是新的贵族？他们是一些智力精英，专门指导可怜又愚蠢的实现人员要做什么？是否所有的创造性活动都被这些精英单独占有，实现人员仅仅是机器中的齿轮？难道不能遵循民主哲学，从整个团队中搜集好的创意，以得到更好的产品，而不是将规约的开发工作仅限定于少数人？

最后一个问题是最简单的。我当然不认为只有架构师才有好的架构创意。新的概念经常来自实现人员或者用户。然而，我一直试图表达，并且我所有的经验使我确信，系统的概念完整性决定了其使用的容易程度。与系统基本概念不相容的好特性和想法最好放在一边。如果出现许多这样重要但不兼容的想法，就应该放弃整个系统，并在有不同基本概念的已集成系统上重新开始。

至于贵族制的指控，必须回答“是”或者“否”。就只能存在少数的架构师而言，答案是肯定的，他们的工作产物的生命周期必须比那些实现人员的产物要长，并且架构师一直处在解决用户问题，实现用户利益的核心地位。若要得到系统概念的完整性，必须有人控制这些概念。无须为这样的贵族制道歉。

第二个问题的答案是否定的，因为外部规约的编制工作并不比实现的设计工作更富有创造性，它只是一项性质不同的创造工作而已。在给定架构下实现其设计，同样需要与编制外部规约一样多的创意设计、新想法和技术才华。实际上，产品的成本性能比在很大程度上依靠实现人员，就如同易用性在很大程度上依赖架构师一样。

很多行业和领域的案例让人相信纪律和规则对行业是有益的。实际上，“形式即解放。”最差的建筑往往是那些预算远远超过起始目标的项目。巴赫曾被要求每周创作一篇形式严格的康塔塔，但这似乎并没有压制他的创造性。并且，我确信，如果Stretch计算机有更严格的限制，那么该计算机会拥有更好的架构。就我个人意见而言，System/360 Model 30预算上的限制，对

Model 75的架构非常有益。

类似地，我观察到外部的架构规定实际上是增强，而不是限制实现小组的创造性。一旦他们将注意力集中在没有人解决过的问题上，创意就开始奔涌而出。在毫无限制的实现小组中，在进行架构上的决策时，会出现大量的想法和争议，对具体实现的关注反而会比较少[5]。

我曾见过很多次这样的结果，R. W. Conway也证实了这一点。他在Cornell的小组曾编制PL/I语言的PL/C编译器。他说："最终，我们的编译器决定支持不经过改进和增强的语言，因为关于语言的争议已经耗费了我们所有的精力。"[6]

Ⓢ 在等待时，实现人员做什么

几百万元的损失是非常令人惭愧的经验，但也是让人记忆深刻的教训。我们计划如何组织编写OS/360外部规约的那个夜晚，常常栩栩如生地重现在我的脑海。我和架构经理、控制程序实现经理一起制订进度计划，并确认责任分工。

架构经理拥有10名优秀的手下，他声称他们可以编写规约，并能够出色地完成任务。该任务需要十个月，比所允许的进度多了三个月。

控制程序经理拥有150名手下。他认为在架构团队的协调下，他们可以准备规约，并且能按照时间进度完成高质量的、切合实际的规约。此外，如果仅由架构团队承担该工作，他的150人只能坐在那里干等10个月，无所事事。

对此，架构经理的回应是，如果让控制程序团队来负责该工作，工作将不能按时完成，仍将推迟3个月，而且质量要差很多。

遗憾的是，我还是将工作分派给了控制程序团队，其结果也确实如此。架构经理的两个结论都得到了证实。另外，概念完整性的缺乏导致要在系统开发和修改上付出更高昂的代价，我估计增加了一年的调试时间。

当然，很多因素导致了那个错误的决策，但决定性因素是时间进度和让150名编程人员参与工作的诱惑。而这也正是我想揭示的致命危险。

当建议由小型架构团队来编写计算机或编程系统的所有外部规约时，实现人员提出了三个反对意见：

- 规约中的功能过于繁多，而对实际情况中的成本考虑比较少；
- 架构师获得了所有创造发明的快乐，剥夺了实现人员的创造力；
- 很多实现人员不得不闲坐着，等待规约通过架构团队的狭窄漏斗。

第一个意见确实是危险的，我们将在下一章讨论这个问题，但其他的两个意见都是简单而纯粹的误解。正如我们前面所看到的，实现同样是一项高级的创造性活动。实现时，创造和发明的机会，并不会因为指定了外部规约而大为减少，相反，创造性活动会因为纪律而得到增强，整个产品肯定会更好。

最后一个反对意见反映了时间顺序和阶段性上的问题。问题的简要回答是，在规约完成的时候，才雇佣实现人员。这也正是搭建一座建筑时所采用的方法。

在计算机这个行业，节奏更快，而且人们常常想尽可能地压缩时间进度，那么编写技术说明和开发实现能有多少重叠呢？

Blaauw指出，整个创造性活动包括了三个独立的阶段：架构

(architecture)、实现(implementation)和实施(realization)。在实际情况中，它们可以同时开始和并发地进行。

例如，在计算机的设计中，一旦实现人员有了对手册的模糊设想，对技术有了相对清晰的构思，以及拥有了适当的预算和目标时，工作就可以开始了。他可以开始设计数据流、控制序列，进行总体概念包装等。同时，还需要设计所需的工具以及进行相应的调整，特别是记录存档系统和设计自动化系统。

同时，在实施层面，对于电路、板卡、线缆、机箱、电源和内存，我们必须分别设计、细化和编制文档。这项工作与架构及实现并行进行。

编程系统设计也是如此。远在外部规约编写完成之前，实现人员就有很多事情可以做。只要有一些最终将并入外部规约的系统功能雏形，他就可以开始了。他必须有定义明确的时间和空间目标，了解产品运行的系统配置。然后，他可以开始设计模块的边界、表结构、路径和阶段分解、算法，以及所有的工具，还需要花费一些时间与架构师沟通。

同时，在实施层面，也有很多可以着手的工作。编程也是一项技术，如果是新型的机器，则在子程序约定、系统管理，以及搜索和排序算法方面，有许多事情需要处理[7]。

概念的完整性的确要求系统只反映单一的哲学，用户所见的规约应来自少数人的思想。实际工作被划分成架构、实现和实施，但这并不意味着系统需要更长的时间来建造。恰恰相反，经验显示整个系统将开发得更快，所需要的测试时间将更少。实际上，垂直劳动分工大大减少了广泛的水平劳动分工，使交流彻底被简化，概念的完整性得到了大幅提高。

第 5 章

第二系统效应

聚沙成塔，集腋成裘。[1]

——奥维德

① 译注：成语“聚沙成塔”出自《法华经·方便品》，成语“集腋成裘”出自《慎子·知忠》。此处借用来翻译奥维德的诗句。

《适合空中交通的旋转屋》

A. 罗比达1882年在《20世纪》(*Le Vingtième Siècle*)一书中画的插图平版画

如果将编制功能规约的责任从建造快速、成本低廉的产品的责任中分离出来，那么有什么准则和机制来约束架构师的创造热情呢？

基本回答是架构师和建造人员之间彻底、谨慎、和谐的交流。当然，还有很多值得关注的、更细致的答案。

架构师的互动纪律

建筑行业的架构师使用估算技术来编制预算，该估算结果会由后续的承包商报价来验证和修正。经常发生的情况是所有报价都超出了预算。接下来，架构师会改进他的估算技术或修订设计，调整到下一期工程中。他也可能会向承包商建议一些比他们所想象的更加便宜的方法来实现设计。

类似过程也支配着计算机系统或编程系统的架构师。相比之下，他具有能在设计早期从承包商处得到报价的优势，几乎是只要他询问，就能得到答案。他的不利之处常常是只有一个承包商，后者可以增高或降低前者的估计，来反映对设计的好恶。实际情况中，尽早交流和持续沟通能使架构师有较好的成本意识，以及使建造人员获得对设计的信心，并且不会混淆各自的责任分工。

面对估算过高的情况，架构师有两个选择：削减设计或者采用成本更低的实现方法。后者是固有的主观感性反应。此时，架构师是在向建造人员的做事方式提出挑战。想要成功，架构师必须做到以下几点：

- 牢记是建造人员对实现有创造性和发明性的责任，所以架构师只是建议，而不是下指令；

- 时刻准备好提出实现所指定事物的方法，同样准备接受其他任何能达到目标的方法；
- 对上述建议保持低调和不公开；
- 准备放弃所坚持的改进建议。

通常，建造人员会通过建议更改架构来反击，通常情况下他是对的——当实现时，某些次要特性可能会造成意料不到的成本开销。

ⓢ 自律——第二系统效应

在开发第一个作品时，架构师倾向于精炼和简洁。他知道自己对正在进行的任务不够了解，所以会谨慎、仔细地工作。

在设计第一个作品时，他会面对不断产生的装饰和润色功能。这些功能都被留存在一边，以备“下次”使用。第一个系统迟早会结束，而此时的架构师对这类系统充满了十足的信心，认为自己精通这一类别的系统，并且时刻准备开发第二个系统。

第二个系统是一个人所设计过的最危险的系统。而当他着手第三个及以后的系统时，先前的经验会相互验证，得到对此类系统通用特性的判断，而且系统之间的差异会帮助他识别出经验中不够通用的部分。

一种普遍倾向是过度设计第二个系统，向系统添加很多修饰功能和想法，它们曾在第一个系统中被小心谨慎地放在一旁。结果如同Ovid所述，是一“大坨”。以IBM 709架构为例(后来也出现在7090中)，709是对非常成功和简洁的704进行升级的第二个系统。709的操作集是如此丰富和繁多，以至于只有大约一半操作被经常使用使用。

让我们来看一个更严重的例子——Stretch计算机的架构、实现甚至实施，它是很多人被压抑创造力的宣泄出口，也是他们中大部分人的第二个系统。正如Strachey在评审时所述：

> 我对Stretch系统的印象是，从某种角度而言，它是一个产品线的终结。如同早期的计算机程序一样，它非常富有创造性，设计非常复杂，却非常高效。但不知为什么，我同时感觉到，它粗糙、浪费、缺乏优雅，并让人觉得必定存在某种更好的方法可以代替它。[1]

OS/360对于大多数设计者来说是第二个系统。它的设计小组成员来自1410-7010磁盘操作系统、Stretch操作系统、Project Mercury(水星计划)实时系统和7090的IBSYS。几乎没有人有两次以上的操作系统经验。[2]因此，OS/360是第二系统效应的一个典型例子，是软件行业的Stretch系统。Strachey的赞誉和批评可以毫无更改地适用于它。

例如，OS/360开发了26字节的常驻日期翻转例程来正确地处理闰年的12月31日的问题(闰年的第366天)，其实它可以留给操作员来完成。

第二系统效应的另一个表现与纯粹的功能修饰有所不同，也就是说存在对某些技术进行细化、精炼的趋势。由于基本系统设想发生了变化，这些技术已经显得落后。OS/360中有很多这样的例子。

例如，链接编辑器的设计，它用来对分别编译后的程序进行装载，解决它们之间的交叉引用。除了这个基本功能，它还支持程序的覆盖(overlay)。这是所有对覆盖服务程序的实现中最好的一种。它允许链接时在外部完成覆盖结构，而无须在源代码中进行设计。它还允许在运行时改变覆盖，而不必重新编译。它配备了丰富的实用选项和设施。某种意义上，它是静态覆盖技术多年发展的顶峰。

然而，它也是最后和最优秀的“恐龙”，因为它属于一个以多道程序正常模式和动态核心分配为基本假设的系统，这直接与静态覆盖的概念相冲突。如果我们把投入覆盖管理的工作量，用于提高动态内核分配和动态交叉引用的性能上，那么系统将会运行得很好。

另外，链接编辑器需要很大的空间，而且它本身就包含了很多覆盖，以至于即使在不使用覆盖管理功能，仅仅使用链接功能的时候，它也比绝大多数系统的编译器慢。具有讽刺意味的是，链接器的目的是避免重新编译。就像一个胃比脚快的滑冰运动员，不断改进，直到大大了超出系统的假设。

TESTRAN调试工具是这个趋势的另一个例子。它在批调试程序中是出类拔萃的，配备了出色的快照和核心转储功能。它使用了控制段的概念和巧妙的生成器技术，从而不需要重新编译或解释，就能实现选择性跟踪和快照。这种709共享操作系统[3]中富于想象的概念得到了广泛的使用。

但同时，整个无须重编译的批调试概念变得落伍了。使用语言解释器或增量编译器的交互式计算系统向它提出了最根本的挑战。即使是在批处理系统中，快速编译/慢速执行编译器的出现也使源代码级别调试和快照技术成为优先选择的技术。如果TESTRAN的工作量用于更早和更好地建造交互式和快速编译设施，那么系统会更好！

还有另外一个例子是调度程序。调度程序提供了管理固定批作业流的杰出功能。从真正意义上讲，该调度程序是作为1410-7010磁盘操作系统后续的第二系统，经过了精炼、改进和装饰。它是输入-输出以外的非多道程序批处理系统，主要用于商业应用。OS/360调度程序是很好的，但它几乎完全没有受到OS/360对远程作业入口、多道程序和永久驻留交互子系统的需要的影响。实际上，调度程序的设计使它们变得更加困难。

架构师如何避免开发第二系统效应？显然，他无法跳过第二个系统，但他可以有意识地关注这个系统的特殊危险，并加以额外的自我约束，来避免那些对功能的过多修饰，并避免延伸出会因假设和目的的变化而废除的功能。

一个可以开阔架构师眼界的准则是为每个小功能分配一个值：每次调用，功能x占用不超过m字节的内存和不超过n微秒的时间。这些值将指导初始决策，并在实施期间作为向导和警示服务于所有人。

项目经理如何避免第二系统效应？他要坚持要求，资深架构师至少有两个系统的经验。同时，保持对特殊诱惑的警觉，他可以提出正确的问题，确保原则上的概念和目标在详细设计中得到完整的体现。

第6章
传递消息

他只是坐在那里，嘴里说："做这个！做那个！"当然，什么都不会发生，光说不做是没有用的。

——哈里·杜鲁门，《总统的权力》[1]

《七个吹号角天使》(*The Seven Trumpets*)

注：出自14世纪出版的*The Wells Apocalypse*。《新约·启示录》中记载，每个天使一吹号，天地间就会发生一些变故。

资料来源：The Bettman Archive

假设一个经理已经拥有行事规范、富有经验的架构师和许多实现人员，那么，他如何确保每个人听到、理解并实现架构师的决策？对于一个由1 000人建造的系统，一个有10个架构师的小组如何保持系统概念上的完整性？在System/360硬件设计工作中，我们摸索出来一套实现上述目标的方法，它们对于软件项目同样适用。

Ⓢ 书面规约——手册

手册或者书面规约是必要的工具，但不是充分的工具。手册是产品的外部规约，它描述和规定了用户所见的每一个细节；同样地，它也是架构师主要的工作产物。

随着用户和实现人员反馈的增加，设计中难以使用和难以建造的地方不断被指出，规约也不断地被重复准备和修改。然而对实现人员而言，修改的阶段化是很重要的——在进度表上应该有带日期的版本信息。

手册不仅要描述包括所有界面在内的用户可见的一切，还要避免描述用户看不见的事物。后者是实现人员的工作范畴，他的设计自由必须不受约束。架构师必须随时准备展示他描述的任何特性的实现，但是他不应该试图指定实现方式。

规约的风格必须精确、充实和详细。用户常常会单独参考某个定义，所以每个定义必须重复所有的基本要素，但所有文字都要相互一致。这往往使手册读起来枯燥乏味，但是精确比生动更加重要。

*System/360 Principles of Operation*的统一性源于只有两名作者：Gerry Blaauw和Andris Padegs。想法来自大约10个人，但如

果想保持文字和产品之间的一致性，则必须由一个或两个人来完成将决策转换成书面规约的工作。对于定义的撰写，有许多小决定是不需要充分辩论的。例如，System/360需要决定在每次操作后，如何设置条件码的详细信息。其实，对于在整个设计中，保证这些微小决定在处理原则上的一致性，绝对不是一件无关紧要的事情。

我想我所见过的最好的一份手册是Blaauw的*System/360 Principles of Operation*的附录。它精确、仔细地描述了对System/360兼容性的限制。它定义了兼容性，描述了将要达到的目标，列举了外观部分，这些部分可能是架构师有意省略的，在这些地方，一种型号的结果可能与另一种型号不同，给定型号的一份副本可能与另一份副本不同，或者在工程变更后，副本甚至可能与自身不同。而这说明了编写者所应该追求的精确程度，他必须在仔细定义规定什么的同时，定义未规定什么。

Ⓢ 形式化定义

英语或者其他任何一种人类语言，从根本上说，都不是一种能精确表达上述定义的方式。因此，手册的编写者必须努力让自己的思路和语言达到所需要的精确程度。一种颇具吸引力的做法是对上述定义使用形式化标记方法。毕竟，精确度是我们需要的东西，这也正是形式化标记方法存在的理由。

让我们来看一看形式化定义的优点和缺点。如文中所述，形式化定义是精确的，倾向于完整，漏洞更加显眼，因此可以更快填补。形式化定义的缺点是不易理解。记叙性文字可以表达结构性的原则，描述阶段上或层次上的结构，并提供实例。它可以很容易地表达异常和强调对比的关系，最重要的是，它可以解释原因。在优雅和精确度上，目前所提出的形式化定义，可以收到令人惊异的效果，并增强了我们在这方面的信心。但是，它还需要记叙性文字的辅助，才能使内容易于领会和讲授。出于这些原因，我想将来的规约应同时包括形式化和记叙性定义两种方式。

一句古老的格言警告说："不要携带两个时钟出海，而是带一个或三个。"同样的原则也适用于形式化和记叙性定义。如果同时具有两种方式，则必须以一种作为标准，另一种作为辅助描述，并照此明确地进行划分。这两者的任何一个都可以作为主要标准。例如，Algol 68采用形式化定义作为标准，以记叙性文字作为辅助。PL/I使用记叙性定义作为标准，形式化定义用作辅助表述。System/360也将记叙性文字用作标准，形式化定义用作辅助。

很多工具可以用于形式化定义，例如巴科斯范式(Backus-Naur Form)在语言定义中很常用，并在文献中充分讨论[2]。PL/I的形式化描述使用了抽象语法的新概念，该概念有充分的阐述。[3] Iverson的APL已经用来描述机器，突出的应用是IBM 7090[4]和System/360[5]。

Bell和Newell曾建议采用同时描述配置和机器结构的新表示法，并且用若干机型作为演示，如DEC PDP-8[6]、7090[6]和System/360[7]。

在规定系统外部功能的同时，几乎所有的形式化定义均会用来描述和体现硬件系统或软件系统的某个实现。语法的描述可以不需要这个，但语义的定义通常是给出一段执行所定义操作的程序。理所当然，这是一种实现，不过它过多地限定了架构。所以必须特别指出，形式化定义仅仅用于外部功能，并且必须说明它们是什么。

如前面所述，形式化定义是一种实现。反之，实现也可以作为形式化定义。当制造第一批兼容性的计算机时，我们使用的正是上述技术：新的机器同现有的机器匹配。如果手册中有一些表述模糊的地方，“问一问机器！”——设计一段测试程序来确定其行为，新机器必须按照上述结果运行。

硬件或软件系统的程序化仿真器，可以按照相同的方式完整运用。它是一种实现，可以运行。因此，所有定义的问题可以通过测试来解决。

使用实现作为定义有一些优点。所有问题可以通过试验清晰地得到答案，从来不需要争辩和商讨，回答迅速。答案总是尽可能精确，而且根据定义总是正确的。不过，这个做法有一系列难以克服的缺点。实现可能更加过度地规定了外部功能。无效的语法通常会产生某些结果。在拥有错误控制的系统中，它通常仅仅导致某种“无效”的指示，而不会产生其他的东西。在无错误控制的系统中，会产生各种副作用，它们可能被程序员所使用。例如，当我们着手在System/360上模拟IBM 1401时，有30个不同的“古董”——被认为是无效操作的副作用——得到广泛的应用，并被认为是定义的一部分。作为一种定义，实现作为定义体现了过多的内容：它不但描述了机器必须做什么，还说明了必须如何去做。

因此，当提及尖锐的问题时，实现有时会给出未在计划中的意外答案。在这些答案中，真正的定义常常是粗糙的，因为它们从来没有被仔细考虑过。这些粗糙如果在另一个实现中复制，往往是效率低下或者代价高昂的。例如，一些机器在乘法运算之后，将某些运算的垃圾遗留在被乘数寄存器中。后来发现，这些垃圾本质上确实是事实上的定义的一部分。然而，重复该细节可能会阻止某些更快的乘法算法的使用。

最后，关于实际使用标准是形式化描述还是叙述性文字这一点而言，使用实现作为形式化定义特别容易引起混淆，特别是在程序化的仿真中。另外，当实现充当标准时，还必须防止对实现的任何修改。

Ⓢ 直接整合

对软件系统的架构师而言，存在一种美妙的方法来传播和推行定义。对于建立模块间接口语法，而非语义时，它特别有用。这项技术是设计被传递参数或共享存储的声明，并要求实现通过编译时操作(PL/I的宏或%INCLUDE)来包含这些声明。另外，如果整个接口仅仅通过符号名称进行引用，那么需要修改声明的时候，可以增加或插入新变量，只需重新编译而不需要修改使用的程序。

Ⓢ 会议和大会

无须多说，会议是必要的。然而，数百人在场的大型磋商会议往往需要大规模和非常正式地召集。我们发现把会议分成两个级别很管用。第一个是每周半天的会议，所有架构师、硬件和软件实现人员的官方代表以及市场规划人员都参加。首席系统架构师主持。

会议中，任何人都可以提出问题和修改建议，但是建议通常是以书面形式在会议之前分发。新问题通常会需要一些讨论时间。会议的重点是创新，而不仅仅是做出决定。该小组试图发现解决问题的各种方案，然后少数解决方案会被传递给一个或多个架构师，详细地记录到书面的变更建议书中。

接着会对详细的变更建议做出决策。这会经历几个反复过程，实现人员和用户会仔细地考虑，利弊得失都会被很好地描述。如果达成了共识，非常好；如果没有，则由首席架构师来决定。会议记录被保存下来，决定被正式、迅速和广泛地传播。

每周会议的决定能迅速生效，使工作得以继续开展。如果有人很不高兴，可以立刻诉诸项目经理，但是这种情况非常少见。

这种会议的卓有成效是由于以下几个原因。

(1) 数月内，相同小组人员(含架构师、用户和实现人员)每周交流一次。不需要专门安排时间来让大家了解最新的情况。

(2) 小组人员十分睿智和敏锐，深刻理解所面对的问题，并且与结果密切相关。没有人是“顾问”的角色，每个人都有权做出有约束力的承诺。

(3) 当问题出现时，在明显界线的内部和外部同时寻求解决方案。

(4) 正式的书面建议将集中大家的注意力，强制制定决策，避免会议纪要方式的不一致。

(5) 明确地授予首席架构师决策的权力，避免了妥协和拖延。

随着时间的推移，一些决定不再适用，一些小事情并没有被某个参与者真正地接受，其他决定造成了预想不到的问题。对于这些问题，有时每周会议并不赞同重新考虑。慢慢地，很多小要求、未解决的问题或者不愉快会堆积起来。为解决这些堆积起来的问题，我们会举行年度大会，典型的年度大会会持续两周。(如果由我重新安排，我会每六个月举行一次。)

这些会议在手册冻结的前夕召开。出席人员不仅包括架构组和程序员、实现人员的架构代表，还包括编程经理、营销经理和实现经理，由System/360的项目经理主持。典型的议程包括大约200个条目，大多数条目的规模很小，它们列举在会议室周围张贴的图表上，各方意见都会听取，并做出决定。有了奇迹般的计算机化文本编辑(以及许多优秀职员的工作)，每天早晨，会议参与人员会在座位上发现已更新的手册说明，其记录了前一天的各项决定。

这些“收获的节日”不仅可以解决决策上的问题，而且使决策更容易被接受。每个人的声音都会被倾听，每个人都参与其中，每个人对决策之间错综复杂的约束以及相互关系有了更透彻的理解。

Ⓢ 多重实现

System/360的架构师具有两个空前有利的条件：充足的工作时间、与实现人员相同的策略影响力。充足的工作时间来自新技术的开发日程；而多重实现的同时建造带来了策略上的平等性。不同实现之间严格要求相互兼容，这种必要性是规约的最佳执行代理。

在大多数计算机项目中，机器和手册之间往往会在某一天出现不一致，人们通常会忽略手册。因为与机器相比，手册可以更快、更便宜地变更。然而，当存在多重实现时，情况就不是这样了。这时，如实地遵从手册更新机器所造成的时间和成本的消耗，比根据机器调整手册要低。

在定义某编程语言的时候，上述概念可以卓有成效地得到应用。可以肯定的是，迟早会有很多编译器或解释器被推出，以满足各种各样的目标。如果起初至少有两种以上的实现，那么定义会更加清晰，纪律会更为严格。

Ⓢ 电话日志

随着实现的推进，无论规约已经多么精确，还是会出现无数架构解释方面的问题。显然，很多此类问题需要文字澄清和解释，还有一些仅仅是因为理解不当。

对于存有疑问的实现人员，应鼓励他们打电话询问相应的架构师，而不是一边自行猜测一边工作，这是至关重要的。同样重要的是，要认识到上述问题的答案必须是可以告知每个人的权威性结论。

一种有用的机制是由架构师保存电话日志。日志中，他记录了每一个问题和相应的回答。每周，对若干架构师的日志进行合并，重新整理，并分发给用户和实现人员。这种机制很不正式，但非常快捷和全面。

Ⓢ 产品测试

项目经理最好的朋友就是他每天要面对的对手——独立的产品测试小组。该小组根据规约检查机器和程序，并充当魔鬼代言人，精确地指出每一个可能的缺陷和相互矛盾的地方。每个开发组织都需要这样一个独立的技术审计小组，来保持开发组织的诚实。

归根结底，顾客才是独立的审计员。在残酷的现实使用环境中，每个细微缺陷都将无处遁形。产品测试小组则是顾客的代理人，专门寻找缺陷。不时地，细心的产品测试人员总会发现一些地方，在那里信息没有被传递、设计决策没有被正确理解或准确实现。因此，这样的测试小组是设计信息传递链中必要的一环，需要与设计一样，在早期同时运作。

第7章

为什么巴别塔会失败

现在整个大地都采用一种语言，只包括为数不多的单词。在一次从东方往西方迁徙的过程中，人们发现了苏美尔地区的一处平原，并在那里定居下来。接着他们奔走相告说："来，让我们制造砖块，并把它们烧好。"于是，他们用砖块代替石头，用沥青代替灰泥(建造房屋)。然后，他们又说："来，让我们建造一座带有高塔的城市，这个塔将高耸入云，也将让我们声名远扬；同时，有了这个城市，我们就可以聚居在这里，再也不会分散在广阔的大地上了。"于是上帝决定下来看看人们建造的城市和高塔。看了以后，他说："他们只是一个种族，使用一种语言，如果他们一开始就能建造城市和高塔，那么以后就没有什么能难得倒他们了。来，让我们下去，在他们的语言里制造一些混乱，让他们相互之间不能听懂。"这样，上帝把人们分散到世界各地，于是他们不得不停止建造那座城市。

——《创世纪》，11：1-8

P. 勃鲁盖尔1563年的油画作品《巴别塔》(*Turmbau zu Babel*)

(资料来源：Kunsthistorisches Museum, Vienna)

Ⓢ 巴别塔的管理教训

据《创世纪》记载，巴别塔是人类继诺亚方舟之后的第二大工程壮举，同时，也是人类第一个彻底失败的工程。

这个故事在很多方面和不同层次都是非常深刻和富有教育意义的。此处仅仅将它作为纯粹的工程项目，来看看在管理上有什么值得吸取的教训。这个项目到底有多好的先决条件？

(1) 他们是否有清晰的目标？是的，尽管幼稚得近乎不可能。项目早在遇到这个基本的限制之前，就已经失败了。

(2) 他们是否有人力？非常充足。

(3) 他们是否有材料？美索不达米亚有着丰富的黏土和沥青。

(4) 他们是否有足够的时间？是的，没有任何时间限制的迹象。

(5) 他们是否有足够先进的技术？是的，金字塔或锥形的结构本身就是稳定的，可以很好地分散压力负载。对砖石建筑技术，人们有过深入的研究。同样，项目在达到技术限制之前，就已经失败了。

那么，既然他们具备了所有的这些条件，为什么项目还会失败呢？他们还缺乏什么？缺乏两个方面：其一是交流；其二是交流的结果——组织。他们无法相互交谈，从而无法合作。当合作无法进行时，工作陷入了停顿。通过史书，我们推测出来，交流的缺乏导致争辩、沮丧和群体猜忌。很快，部落开始分裂——大家宁愿孤立也不愿互相争吵。

Ⓢ 大型编程项目中的交流

今天也是如此。因为左手不知道右手在做什么，所以时间表混乱、功能不匹配和系统缺陷等问题纷纷出现。随着工作的推进，许多小组慢慢地修改自己程序的功能、规模和速度，他们明确或者隐含地更改了一些有效输入和输出结果用法上的假设。

例如，程序覆盖(program-overlay)功能的实现者可能遇到了问题。根据统计报告显示，应用程序很少使用该功能。于是，实现者降低了覆盖功能的速度。与此同时，整个开发队伍中，其他同事可能正在设计监控程序的主要部分，而监控程序在很大程度上依赖于覆盖功能的速度，这种速度变化本身就成为了重大的规约变更，需要对外宣布并从系统的视角来衡量。

那么，团队之间如何交流？方式越多越好。

- 非正式。清晰定义组间的依赖关系和良好的电话服务，会鼓励大量的电话沟通，从而达到对所书写文档的共同理解。
- 常规项目会议。会议中，团队一个接一个地进行简要的技术陈述。这种方式非常有用，能澄清成百上千的细小误解。
- 工作手册。在项目的开始阶段，应该准备正式的项目工作手册。理所当然，我们会专门用一节来讨论它。

Ⓢ 项目工作手册

是什么。项目工作手册不是一篇独立的文档，它是强加于项目要产出的文档的一种结构。

项目所有的文档都必须是该结构的一部分，包括目的、外部规约、接口规约、技术标准、内部规约和行政备忘录。

为什么。技术文字会长期保存下来。如果某人就硬件或软件的某一部分去查看一系列相关的用户手册，那么他发现的将不仅仅是思路，还能追溯到最早备忘录的许多文字和章节，这些备忘录对产品提出建议或者解释设计。对于技术作者而言，对文章进行剪切、粘贴与钢笔一样有用。

基于上述理由，再加上"未来产品"的高质量手册将诞生于"今天产品"的备忘录，所以正确的文档结构非常重要。事先将项目工作手册设计好，能保证文档的结构本身是规范的，而不是杂乱无章的。另外，有了文档结构，后来书写的文字就可以放置在合适的片段中。

使用项目工作手册的第二个原因是控制信息的分发。控制信息发布并不是为了限制信息，而是确保信息能到达所有需要它的人。

编制项目工作手册的第一步是对所有的备忘录编号，从而使每个工作人员可以通过有序的标题列表来检索是否有他所需要的信息。还有一种更好的组织方法，就是使用树状的索引结构。而且如果需要的话，可以使用树结构中的子树来维护分发列表。

机制。同许多其他的软件管理问题一样，随着规模的扩大，技术备忘录的问题以非线性趋势恶化。10人的项目，文档仅仅通过简单的编号就可以了。100人的项目，若干个线性序列常常可以满足要求。1 000人的项目，人员无可避免地散布在多个物理位置，对结构化工作手册的需要增加，而且工作手册的规模也增加了。那么，用什么机制来处理呢？

我认为OS/360项目做得非常好。O. S. Locken强烈要求制定结构良好的项目工作手册，他本人在他的前一个项目1410-7010操作系统中，看到了工作手册的效果。

我们很快决定每一个编程人员应该了解所有的材料，即他自己的办公室应该有一份工作手册副本。

项目工作手册的实时更新是非常关键的。工作手册必须是最新的，如果因为变更，整个文档必须重新键入更改，那很麻烦。但是，如果采用活页簿的方式，则仅需更换变更页。我们当时拥有计算机驱动的文本编辑系统，事实证明，这对于及时维护是非常宝贵的。胶印底板直接在电脑打印机上制作，周转时间不到一天。然而，所有这些更新页面的接收者都会面临消化、理解的问题。当他第一次收到更改页时，他需要知道“修改了什么”；迟些时候，当他需要查阅时，他需要知道“现在的定义是什么”。

后一种需要可以通过不间断的文档维护来解决。突出显示变更需要其他步骤。首先，必须在页面上标记发生改变的文本，例如，使用页边上的竖条标记每个被修改的行；第二，分发的变更页附带简短、独立的变更摘要，列出变更并评论其重要性。

我们的项目进行了六个月，遇到了另一个问题。工作手册大约有五英尺厚！如果将我们在曼哈顿Time-Life大厦办公室里所使用的100份副本在一起，将比这座大厦还要高。另外，每天分发的变更页大约有2英寸厚，需要交错地插在整个文档中的页数大概为150页。工作手册的日常维护工作开始占据每个工作日的大量时间。

这个时候，我们换用了微缩胶片，即使考虑到为每个办公室购买微缩胶片阅读机的成本，也节省了一百万美元。我们能够为微缩胶片的制作很好地安排周转时间；工作手册从三立方英尺缩小到六分之一立方英尺，最重要的是，更新以一百页为一整块出现，将交错问题减少为一百分之一。

微缩胶片有它的缺点。从管理者的角度而言，笨拙的纸质页面插入确保了所有变更都会被阅读，这正是工作手册要达到的目的。微缩胶片使工作手册的维护工作变得过于简单，除非列举变化的文字说明和变更胶片一起分发。

另外，读者不能在微缩胶片上做强调、标记和批注。对作者来说，采用文档的方式与读者沟通更加有效；对读者来说，文档也更加方便使用。

总之，我觉得微缩胶片是一种非常好的方法。对于非常大的项目，我会推荐使用它而不是纸质工作手册。

现在如何入手？在当今很多可以应用的技术中，我认为一种选择是采用可以直接访问的文件。在文件中，记录修订日期记录和标记变更标识条。每个用户可以通过一个显示终端(打字机太慢了)来查阅。每日维护的变更小结以“后进先出”(LIFO)的方式保存，在一个固定的地方提供访问。程序员可以每天阅读，如果错过了一天，他只需要在第二天多花一些时间。在查看小结的同时，他可以停下来，去查阅变更的文字本身。

注意：工作手册本身没有发生变化，它还是所有项目文档的集合，根据某种经过细致设计的规则组织在一起。唯一发生改变的地方是分发和查阅的机制。斯坦福研究院的D. C. Engelbart和同事建造了一套系统，并用它在ARPA网络项目中建立和维护文档。

Carnegie-Mellon大学的D. L. Parnas提出了一种更加激进的解决方案[1]。他认为，如果不暴露其他系统部件的详细构造，程序员仅详细了解自己的系统部件，这种方式是最高效的。这样做的先决条件是精确、完整地定义所有接口。虽然这绝对是一个良好的设计，但对完美执行的依赖是一种灾难。一个好的信息系统不但能暴露接口错误，还能促使其改正错误。

Ⓢ 大型编程项目的组织架构

如果项目有n个工作人员，则有$(n^2-n)/2$个相互交流的接口，以及将近$2n$个必须协调的潜在团队。团队组织的目的是减少所需的交流和协调的数量，因此良好的团队组织是解决上述交流问题的关键措施。

减少交流的方法是人力分工和职能专门化。当进行人力分工和职能专门化时，树状组织结构对详细交流的需要会相应减少。

事实上，树状组织架构是作为权力和责任的结构而出现的。“一仆不能二主”的原则，导致权力结构是树状的。但是交流的结构并未限制得如此严格，树状结构描述交流只是一种勉强可行的近似，交流是通过网状结构进行的。在很多工程领域，树状近似的不足导致了员工小组、工作组、委员会，甚至在许多工程实验室中出现了矩阵式组织形式。

让我们考虑一下树状编程组织，以及要使它行之有效，每棵子树所必须具备的基本要素：

(1) 任务；

(2) 制作人（producer）；

(3) 技术总监或架构师；

(4) 日程安排；

(5) 人力分工；

(6) 各部分之间的接口定义。

所有这些是非常明显和约定俗成的，除了制作人和技术总监之间有一些区别。我们先分析以下两人的角色，然后再考虑它们之间的关系。

制作人的角色是什么？他组建团队、划分工作及制定日程安排。他争取，并一直争取必要的资源。这意味着他主要的工作是与团队外部进行向上的沟通和水平的沟通。他建立团队内部的沟通和报告模式。最后，他确保进度目标的实现，根据变化的环境调整资源和团队。

技术总监的角色是什么？他对设计进行构思，识别系统的子部分，指明从外部看上去的样子，勾画它的内部结构。他提供整个设计的一致性和概念完整性，因此，他起到限制系统复杂性的作用。当某个技术问题出现时，他发明问题的解决方案，或者根据需要调整系统设计。用Al Capp有意思的说法，他是“臭鼬工厂的内线”。（译注：臭鼬工厂是Lockheed Martin公司秘密项目的绰号。臭鼬工厂项目包括了U-2侦察机、SR-71黑鸟式侦察机以及F-117夜鹰战斗机和F-35闪电II战斗机、F-22猛禽战斗机等。）他的沟通主要是在团队内部。他的工作几乎完全是技术性的。

现在可以看到，这两种角色所需要的才能是截然不同的。产品才能有许多不同的组合，而体现在制作人和技术总监身上的特定组合，必然支配他们之间的关系。组织必须围绕可用的人员来设计，而不是将人员纯粹地按照理论进行安排。

存在三种可能的关系，它们都在实践中得到了成功的应用。

制作人和技术总监可能是同一个人。这种方式可以非常容易地应用在小型团队中，这样的团队可能有3～6个程序员，而在更大的项目中则不容易获得应用。原因有两个：第一，同时具有管理技能和技术技能的人很难找到。思考者很少，实干家更少，既是思考者又是实干家的人最罕见。第二，更大的项目中，每个角色都必须全职工作，甚至还要加班。对制作人来说，很难在承担管理责任的同时，还能抽出时间进行技术工作。对技术总监来说，很难在保证设计的概念完整性不做任何妥协的前提下，担任管理工作。

制作人作为总指挥，技术总监充当其左右手。这种方法存在一些困难。技术总监很难在不参与任何管理工作的同时，建立其在技术决策上的权威。

显然，制作人必须宣布技术总监的技术权威，在即将出现的绝大部分测试用例中，他必须支持后者的技术决定。要达到这一点，制作人和技术总监必须在基本的技术理念上具有相似的观点；他们必须在主要的技术问题变得紧迫之前，先私下讨论这些问题；制作人必须对技术总监的技术才能表现出高度尊重。

另外，还有一些技巧。例如，制作人可以通过一些微妙的特征暗示(如办公室的大小、地毯、装修、复印等)来体现技术总监的威信，尽管他身在管理团队之外，但他是决策的根源。

这种组合可以使工作很有效。不幸的是，它很少被应用。不过，它至少有一个好处，即项目经理可以使用并不很擅长管理的技术天才来完成工作。

技术总监作为总指挥，制作人充当其左右手。Robert Heinlein在《出售月球的人》(*The Man Who Sold the Moon*)中，用一幅场景描述了这样的安排。

Coster低下头，双手捂着脸，接着，抬起头。“我知道。我了解需要做什么，但每次我试图解决技术问题时，总有一些该死的笨蛋要我做一些关于卡车合同，或者客户电话，或者其他一些讨厌的事情。我很抱歉。Harriman先生，我原以为我可以处理好。”

Harriman非常温和地说：“Bob，别让这些事烦你。近来好像睡眠不大好，是吗？告诉你吧，我将在你的位子上干几天，为你搭建一个免受这些事情干扰的环境。我需要你的大脑工作在反应向量、燃油效率和压力设计上，而不是在卡车的合同上。”Harriman走到门边，目光扫视了一圈，点了一个可能是，也可能不是办公室主要职员的工作人员：“嘿，你！过来一下。”

那个人看上去有些惊慌，站了起来，走到门边说道：“什么事？”

“把角落上的那个桌子和上面所有的东西搬到本层楼的一个空的办公室去，马上。”

他监督着把Coster和他的另一张桌子移到另一间办公室，并确保新办公室的电话断开连接。接着，想了一下，又搬了一张长沙发过来。“今晚我们将安装一个投影仪、绘图仪、书架和其他一些东西，”他告诉Coster，“把你在工程方面所需要的东西列一个清单。”Harriman回到了名义上的首席工程师办公室，高兴地开始工作，试图弄清组织的现状和存在的问题。

大约过了4个小时，Harriman带Berkeley进来，与Coster会面。这位首席工程师正在他的桌子上睡觉，头枕在臂弯里。Harriman开始往后退出去，但Coster醒了过来。“哦，对不起，”他有点不好意思地说，“我肯定是打了个瞌睡。”

“这就是我给你准备长沙发的原因，”Harriman说道，“它更加舒适。Bob，来见一下Jock Berkeley。他是你的新下属。你仍是首席工程师，毫无疑问的老板。Jock负责打理其他事情。从现在起，除了建造登月飞船这样的微妙细节外，你不需要担心任何问题。”

他们握了一下手。“Coster先生，我只要求一件事，”Berkeley严肃地说，“你想怎么绕过我就怎么绕过我——你得主持技术展示——但看在上帝的份上，把它记录下来，这样我就知道发生了什么。我将会把一个开关放在你的桌上，它用来操作我桌上的一个密封的录像机。"

"好的！"Harriman想，Coster看起来已经更年轻了。

"任何非技术的事情你都不需要自己动手，只需要按一下按钮知会一声，就会有人把这些事情完成！"Berkeley扫了Harriman一眼。"老板说他想同你谈一谈真正的工作。我得先走，去忙去了。"他离开了。

Harriman坐了下来，Coster也随之坐下，说道："噢！"

"感觉好一些了吗？"

"我喜欢Berkeley这个家伙。"

"太好了！不用担心，他现在就是你的孪生兄弟。我以前用过他。你可以认为你正住在一家管理良好的医院里。"[2]

这个故事几乎不需要任何分析与解释，这种安排同样能使工作非常有效。

我猜测最后这种安排对小型的团队是最好的选择，如同在第3章"外科手术团队"一文中所述。对于真正大型项目中的大型子树，我认为制作人作为总指挥是更合适的安排。

巴别塔可能是第一个工程灾难，但它不是最后一个。交流和交流的结果——组织，是成功的关键。交流和组织的技能需要管理者付出大量思考，并具备与软件技术本身同等丰富的经验能力。

第8章

胸有成竹

经验是昂贵的老师，但愚人只能从经验学习。

——穷理查年鉴

《鲁思的本垒打预告》

注：照片是Douglass Crockwell在1932年世界职业棒球锦标赛上拍摄的。

资料来源：经Esquire Magazine和Douglass Crockwell许可转载，© 1945年由Esquire公司拥有版权（于1973年更新），并由国家棒球博物馆提供。

一项系统编程任务需要花费多长时间？需要多少的工作量？如何进行估计？

先前，我推荐了用于计划进度、编码、构件测试和系统测试的比率。第一，需要指出的是，仅仅通过对编码部分的估计，然后应用上述比率，是无法得到对整个任务的估计的。编码只是问题的大约六分之一，编码估计或者比率的错误可能会导致不合理的荒谬结果。

第二，必须要说的是，构建孤立小型程序的数据不适用于编程系统产品。对于一个平均约3200个单词的程序，如Sackman、Erikson和Grant的报告中所述，大约单个程序员所需要的编码加调试时间为178小时，由此可以外推得到每年35 800条语句的生产率。而规模只有一半的程序花费的时间不到前者的1/4，相应推断出的生产率几乎是每年80 000条语句[1]。计划、编制文档、测试、系统集成和培训的时间必须被考虑在内。因此，对这样的短跑数据做线性外推是没有意义的。就好像把百码短跑时间外推，得出人类可以在3分钟之内跑完1英里的结论一样。

在将上述观点抛开之前，尽管不是为了进行严格的比较，我们仍然可以留意到一些事情。即使在不考虑交流、沟通，开发人员仅仅回顾自己以前工作的情况下，这些数字仍然显示出工作量是程序规模的幂函数。

图8-1讲述了这个悲惨的故事。它阐述了Nanus和Farr[2]在System Development公司所做的研究，结果表明该指数为1.5，即

$$工作量 = 常数 \times 指令的数量^{1.5}$$

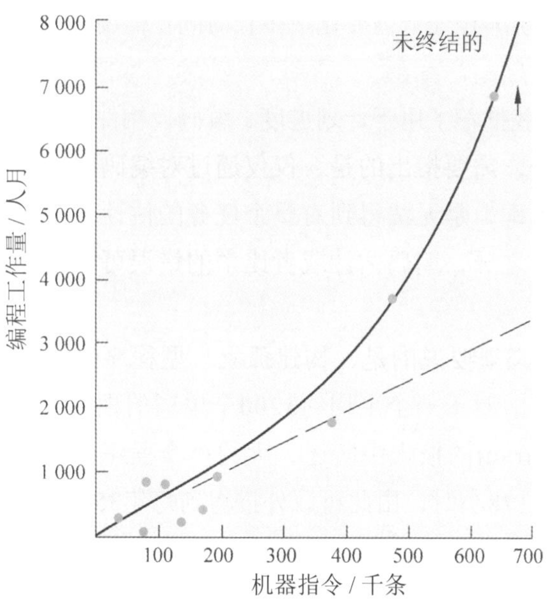

图8-1　编程工作量是程序规模的幂函数

Weinwurm[3]的SDC研究报告同样显示出指数接近1.5。

现在已经有了一些关于程序员生产率的研究，提出了几种估计的技术。Morin对所发布的数据进行了一些调查与研究[4]。这里仅仅给出了若干看起来特别有启发性的例子。

Ⓢ Portman 的数据

ICL软件部门的经理Charles Portman提出了另一种有用的个人观点。[5]

他发现他的编程团队的进度大约是计划进度的1/2，每项工作花费的时间大约是估计的2倍。这些估计通常是非常仔细的，由经验丰富的团队根据PERT图为数百个子任务估计人时。当延误模式出现时，他要求编程团队仔细地保存所花费时间的日志。日志显示，他的团队仅用了50%的工作周来进行实际的编程和调试，估算上的失误完全可以由该情况来解释。其余的时间包括机器的宕机时间、高优先级的无关琐碎工作、会议、文字工作、公司业务、疾病、事假等。简言之，项目估算对每个人年的技术工作时间数量做出了不现实的假设。我个人的经验也在相当程度上证实了他的结论。[6]

Aron 的数据

Joel Aron，IBM在马里兰州盖瑟斯堡的系统技术主管，在他所参与过的9个大型项目(简要地说，大型意味着程序员的数目超过25人，将近30 000行可交付指令)的基础上，对程序员的生产率进行了研究。[7]他根据程序员(和系统部件)之间的交互划分这些系统，得到了如下的生产率：

非常少的交互	10 000指令/人年
少量的交互	5 000指令/人年
较多的交互	1 500指令/人年

该人年数据未包括支持和系统测试活动，仅仅是设计和编程。当这些数据被除以2，以包括系统测试的活动时，它们与Harr的数据非常接近。

Ⓢ Harr 的数据

John Harr，贝尔电话实验室电子交换系统的编程经理，在1969年春季联合计算机会议(Spring Joint Computer Conference)的论文中总结了他和其他人的经验。[8]这些数据如图8-2～图8-4所示。

任务	程序单元	程序员人数	年	人年	程序字数	字数/人年
操作性	50	83	4	101	52 000	515
维护	36	60	4	81	51 000	630
编译器	13	9	$2\frac{1}{4}$	17	38 000	2 230
翻译器（数据汇编器）	15	13	$2\frac{1}{2}$	11	25 000	2 270

图8-2　4个NO.1的ESS编程工作总结

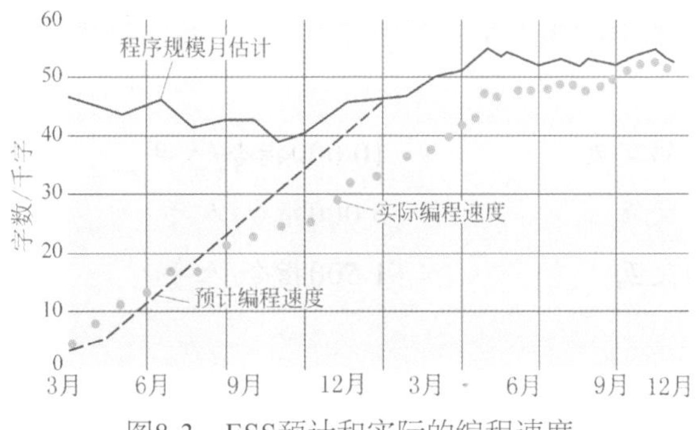

图8-3　ESS预计和实际的编程速度

这些图中，图8-2是最详细和最有用的。前两个任务是基本的控制程序，后两个任务基本上是语言翻译器。生产率以经调试字数/人年来表达，它包括编程、构件测试和系统测试，但不清楚包括多少计划、硬件机器支持、文书工作等类似活动的工作量。

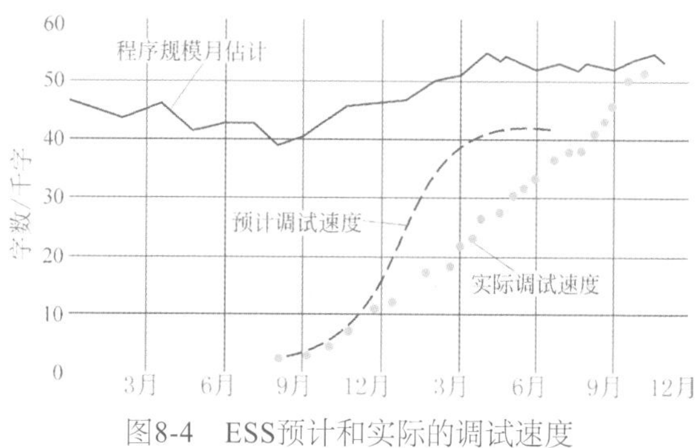

图8-4 ESS预计和实际的调试速度

生产率同样地被划分为两个类别：控制程序的生产率大约是600字/人年，翻译器大约是2 200字/人年。注意所有的4个程序都具有类似的规模——差异在于工作组的大小、时间的长短和模块的个数。那么，哪一个是原因，哪一个是结果呢？是否因为控制程序更加复杂，所以需要更多的人员？或者因为它们被分派了过多的人员，所以要求有更多的模块和更多的人月？是因为复杂程度非常高，还是因为分配较多的人员，导致花费了更长的时间？没有人可以确定。控制程序确实更加复杂。除开这些不确定性，数据反映了实际的生产率——描述了在现在的编程技术下，大型系统开发的状况。因此，Harr数据的确做出了真正的贡献。

图8-3和图8-4显示了一些有趣的数据，将实际的编程速度、调试速度与预期做了对比。

Ⓢ OS/360 的数据

IBM OS/360的经验，尽管没有Harr那么详细的数据，但还是证实了那些结论。就控制程序组的经验而言，生产率的范围大约是600 ~ 800指令(经过调试的)/人年。语言翻译器所达到的生产率是2 000 ~ 3 000指令(经过调试的)/人年。这包括了小组的计划、编码构件测试、系统测试和一些支持性活动。就我的观点来说，它们同Harr的数据是可比的。

Aron、Harr和OS/360的数据都证实，生产率会根据任务本身的复杂度和困难程度表现出显著差异，在估计复杂性的混乱中，我的准则是编译器的复杂度是正常批处理程序的3倍，操作系统复杂度是编译器的3倍。[9]

Ⓢ Corbató 的数据

Harr和OS/360的数据都是关于汇编语言编程的，好像使用高级语言系统编程的生产率数据公布得很少。不过，MIT的MAC项目的Corbató 报告，在MULTICS系统(100万 ~ 200万字)上，平均生产率是1 200行经调试的PL/I语句/人年。[10]

该数字非常令人兴奋。如同其他的项目，MULTICS包括了控制程序和语言翻译器，而且它产出的是经过测试和文档化的系统编程产品。在所包括的工作类型方面，数据看上去是可以比较的。该数字是其他项目中控制程序和翻译器生产率的良好平均值。

但Corbató的数字是行/人年，而不是字数。系统中的每个语句对应手写代码的3 ~ 5个字。这意味着两个重要的结论：

- 对基本语句而言，生产率似乎是恒定的。考虑到语句所需要的思考和可能包含的错误，这个结论是合理的；[11]
- 使用适当的高级语言，编程的生产率可以提高5倍。[12]

第9章

削足适履

作者应该看看诺亚，向他学习，像他在方舟中所做的那样，把大量的东西挤到一个非常小的容器内。

——西德尼·史密斯，《爱丁堡评论》

刻自Heywood Hardy的画作The Bettman Archive

Ⓢ 作为成本的程序空间

程序的成本是多少？除了运行时间以外，它所占据的空间也是主要开销。即使对于专用的程序，用户也要支付给作者一笔费用，该费用本质上是开发成本的一部分。考虑一下IBM APL交互式软件系统，它的租金为每月400美元，在使用时，它至少占用160KB的内存。在Model 165上，内存租金大约是12美元/月·千字节。如果程序在全部时间内都可用，他需要支付400美元的软件使用费和1 920美元的内存租用费。如果某个人每天只使用APL系统4小时，他每月需要支出400美元的软件租金和320美元的内存租用费。

常常听到的一个“可怕的”谈论是在2MB内存的机器上，操作系统就需要占用400KB内存。这种言论就好像仅仅因为波音747飞机耗资2 700万美元就批评它一样无知。我们还必须问自己，“它能做什么？”对于所耗费的资金，获得的易用性和性能(高效的系统利用)是什么？每月投资在内存上的4 800美元的租金能否比花费在其他硬件、程序员、应用程序上更加有效？

当系统设计者认为对用户而言，常驻程序内存的形式比加法器、磁盘等更加有用时，他会将全部硬件资源中的一部分移到内存上。相反，其他的做法是非常不负责任的。所以，应该从整体上进行评价。没有人可以在自始至终提倡更紧密的软硬件设计集成的同时，又仅仅就规模本身对软件系统提出批评。

由于规模占编程系统产品用户成本中如此大的一个部分，建造者必须设置规模的目标，控制规模，考虑减小规模的方法，就像硬件建造者会设立元器件数量目标，控制元器件的数量，想出一些减少零件的方法。同任何开销一样，规模本身不是坏事，但不必要的规模是不可取的。

Ⓢ 规模控制

对项目经理而言，规模控制既是技术工作的一部分，也是管理工作的一部分。他必须研究用户及其应用，以设置待开发系统的规模。接着，把这些系统划分成若干部分，并设定每个部分的规模目标。由于“规模-速度”权衡方案的结果会在很大的范围内变化，规模目标的设置是一件棘手的任务，需要了解每一小片内可用的权衡。聪明的项目经理还会给自己预留一些空间，在工作推行的过程中分配。

在OS/360项目中，即使所有的工作都完成得相当仔细，我们依然从中得到了一些痛苦的教训。

首先，仅对核心程序设定规模目标是不够的，必须把所有方面的规模都编入预算。在先前的大多数操作系统中，系统驻留在磁带上，长时间的磁带搜索意味着人们不会轻易地使用它来引入程序段。OS/360和它的前任产品Stretch操作系统与1410-7010磁盘操作系统一样，是驻留在磁盘上的。它的建造者对自由、廉价的磁盘访问感到欣喜。而如果使用磁带，会给性能带来灾难性的后果。

在为每个组件设立核心规模的同时，我们没有同时设置访问的预算。正如任何有后见之明的人所预料的那样，当程序员发现自己的程序超出了核心目标，他会把它分解成覆盖层。这个过程本身增加了程序整体的规模，并降低了运行速度。最严重的是，我们的管理控制系统既没有度量，也没有捕获这些问题。每个人都汇报自己使用了多少核心，由于都在目标范围之内，所以没有人担心规模上的问题。

幸运的是，OS/360性能模拟程序投入使用的时间较早。第一次运行的结果反映出很大的问题。Fortran H在带磁鼓的Model 65上，每分钟模拟编译5条语句。深入调查表明，控制程序模块进行了很多次磁盘访问。甚至使用频繁的监控模块也犯了很多同样的错误，结果与页面抖动非常相似。

第一个教训很明显：和制定驻留空间预算一样，应该制定总体规模的预算；和制定规模预算一样，应该制定后台存储访问的预算。

下一个教训十分相似。在为每个模块精确分配功能之前，已编制了空间的预算。其结果是，任何在规模上碰到问题的程序员，会检查自己的代码，判断是否能将什么内容扔到邻居的空间中。因此，控制程序所管理的缓冲区成为用户空间的一部分。更严重的是，所有的控制块都有相同的问题，彻底影响了系统的安全和保护。

所以，第二个教训也很明显：在规定模块有多大的同时，确切定义模块的功能。

第三个更深刻的教训体现在以上的经验中。项目规模本身很大，缺乏管理和沟通，以至于每个团队成员认为自己是争取小红花的学生，而不是编程产品的建造者。每个人都在优化自己的部分以达到目标，很少会有人停下来，考虑一下对客户的整体影响。这种取向和沟通上的破裂是大型项目的一个重大危险。在整个项目实现的过程中，系统架构师必须保持持续的警觉，确保连贯的系统完整性。在这种监督机制之外，实现人员自身的态度也是一个关键问题。培养从系统整体出发、面向用户的态度可能是编程经理最重要的职能。

Ⓢ 空间技能

空间预算的多少和控制并不能使程序规模减小，为实现这一目标，需要创新和技艺。

显然，在速度保持不变的情况下，更多的功能意味着需要更多的空间。所以，第一个技艺是用功能换空间。这是一个较早的、影响较深远的策略问题：为用户保留多少这种选择？程序可以有很多的选择功能，每个功能仅占用少量的空间。也可以设计成拥有若干选项分组，根据选项组来剪裁程序。但对于任何特定的选项集，一个更加单体化的程序会占用更少的空间。这很像小汽车。如果把地图灯、点烟器和时钟作为单个选项一并计价，套餐的花销会比每个选项可以分别选择的情况下更低。所以，设计人员必须决定用户可选项目的粗细程度。

当在内存大小处于一定范围内的情况下进行系统设计时，会出现另外一个基本问题。内存受限的后果是即使最微小的功能模块，它的适用范围也难以得到推广。在最小规模的系统中，大多数模块被覆盖，最小系统的常驻空间的相当一部分必须留作临时或分页区域，以便将其他部分提取到其中。区域的大小决定了所有模块的大小，而且将功能分解到很小的模块会耗费空间和降低性能。所以，可以提供20倍大的临时区域的大型系统，节省的也仅仅是访问次数，仍然会因为模块的规模过小引起空间和速度上的损失。这样一来，就限制了用小型系统的模块构造出最高效的系统。

第二个技艺是考虑空间与时间的折中。对于给定的功能，空间越多，速度越快，这在很大的范围内都适用。也正是这一点，使空间预算成为可能。

经理可以做两件事来帮助他的团队取得良好的空间与时间折中的方案。一是确保团队成员在编程技能上得到培训，而不仅仅是依赖天赋和先前的经验。特别是使用新语言或者新机器时，培训显得尤其重要，新语言和新机器的一些使用诀窍需要迅速学习并广泛分享，可能需要通过特殊奖励或表扬来鼓励学习新技能。

二是认识到编程有技术性，需要开发很多公共单元构件。每个项目要有一个笔记本，里面装满了用于排队、搜索、散列和排序的优秀子程序或宏指令。对于每项功能，笔记本上应该至少有两个程序，一个是快速版本，一个是压缩版本。上述技术的开发是一件重要的实现工作，它可以与系统架构工作并行进行。

Ⓢ 表达是编程的本质

超越技艺的是创新，正是在这里诞生了精简、简洁、快速的程序。所有这些几乎都是战略突破的结果，而不是战术上的聪明。这种战略上的突破有时是一种新的算法，如Cooley-Tukey快速傅里叶变换，或者是将比较算法的复杂度从n^2降低到$n \log n$。

更普遍的是，战略上的突破常来自数据或表的重新表达——这是程序的核心所在。给我看你的流程图，不给看你的表，我仍然会很迷惑。而如果给我看表，往往就不再需要流程图，程序结构是非常清晰的。

很容易举出许多例子来说明表达的力量。我记得有一位年轻人承担了为IBM 650建造精密的控制台解释器的任务。他认识到人与人的交互速度很慢且不频繁，但是空间非常宝贵。于是，他建造了一个解释器的解释器，使得最后程序所占的空间减小到不可思议的程度。Digitek小而优雅的Fortran编译器使用了一种非常紧凑、专用的表达方式来表示编译器代码本身，以至于不再需要外部存储。对这种表达方式解码会损失一些时间，但由于避免了输入与输出，反而得到了10倍的补偿。(相关示例，请参见Brooks和Iverson在*Automatic Data Processing*[1]一书第6章末尾处的练习，以及Knuth在*The Art of Computer Programming*[2]一书中的练习。)

当程序员因空间不足而束手无策时，通常最好的办法是从自己的代码中挣脱出来，放松一下，思考自己的数据。表达是编程的本质。

第 10 章

提纲挈领

前提：在堆积如山的文件资料中，少数文档是关键枢纽，每一件项目管理的工作都围绕着它们运转。这些文档是项目经理最重要的个人工具。

W. 本戈1897年的绘画作品《旧国会图书馆堆积如山的文档》(*Scene in the old Congressional Library*)

资料来源：The Bettman Archive

技术、周边组织、工艺传统等若干因素凑在一起，定义了项目必须准备的一些文书工作。对于一个刚从技术人员中选出的项目经理来说，这简直是一件彻头彻尾、令人生厌的事情，而且是毫无必要和令人分心的，让他充满了被吞没的威胁。而且，事实上大多数情况就是这样的。

然而，他逐渐认识到这些文档的一小部分体现和表达了他的大部分管理工作。每份文档的准备时间是集中考虑，并使各种讨论意见明朗化的主要时刻。如果不这样，讨论会漫无边际。文档的跟踪、维护机制是项目监督和预警的机制。文档本身可以作为检查列表、状态控制的依据，也可以作为汇报的数据基础。

为了阐明软件项目如何开展这项工作，我们首先借鉴一下其他行业中一些有用的文档资料，看是否能进行归纳，得出结论。

Ⓢ 计算机产品的文档

如果要制造一台机器，哪些是关键的文档呢？

- 目标：定义待满足的目标和需要，定义迫切需要的资源、约束和优先级。
- 规约：计算机手册加上性能规约。它是在提出新产品时第一个产生，并且最后完成的文档。
- 进度。
- 预算：预算不仅仅是约束。对管理人员来说，它还是最有用的文档之一。预算的存在会迫使其制定技术决策，否则，技术决策很容易被忽略。更重要的是，它促使和澄清了策略上的一些决定。
- 组织结构图。

- 工作空间的分配。
- 估算、预测、价格：这三个因素环状互锁，决定了项目的成败。

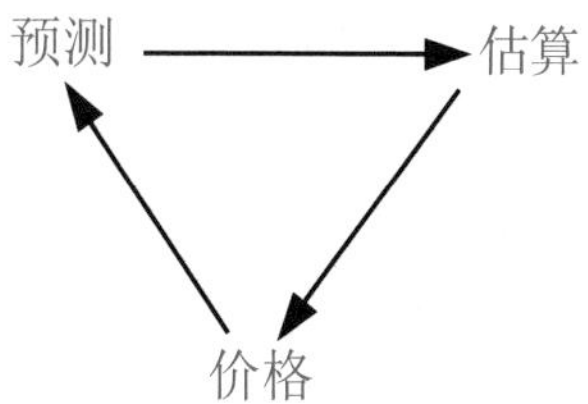

为了生成市场预测，首先需要制定产品性能说明和确定假设的价格。从市场预测得出的数值，连同从设计得出的组件的数量，决定了制造的成本估算，进而可以得到每个单元的开发工作量和固定的成本。这些成本又决定了价格。

如果价格低于假设值，令人欣慰的螺旋开始了。预测值上升，单元成本下降，价格进一步下降。

如果价格高于假设值，灾难性的螺旋开始了，所有人必须努力奋斗来打破这个螺旋。必须提高性能并开发新应用以支持更大的预测。成本必须降低，以获得更低的估算。这个循环的压力是一种纪律，经常激发出市场人员和工程师的最佳工作。

同时，它也会带来可笑的踌躇和摇摆。我记得曾经有一台机器，在三年的开发周期中，机器指令计数器的设计每6个月变化一次。在某个阶段，需要好一点的性能时，指令计数器被实现为晶体管；下一个阶段，降低成本成为主题，计数器实现为存储位置。在另一个项目中，我所见过的最好的工程经理常常充当大型调速轮的角色，他的惯性降低了来自市场和管理人员的起伏波动。

Ⓢ 大学科系的文档

尽管目的和活动存在巨大差异，数量类似、内容相近的各类文档形成了大学系主任的主要资料集合。院长、教师会议或系主任的每一个决定几乎都是对这些文档的说明或变更。

- 目标
- 课程描述
- 学位要求
- 研究提案（以及在获得资助后的计划）
- 课程表和教学安排
- 预算
- 空间分配
- 工作人员和研究生的分配

注意，这些文档的组成与计算机项目非常相似：目标、产品规约、时间分配、资金分配、空间分配和人员分配。只有价格文档是不需要的，校董事会完成这项任务。这种相似性不是偶然的——任何管理任务的关注点都是时间、地点、人员、项目内容和资金。

Ⓢ 软件项目的文档

在许多软件项目中，开发人员从商讨结构的会议开始，然后开始编写程序。不论项目的规模有多小，经理聪明的做法都是：立刻开始制定若干微型文档，以作为自己的数据基础。事实证明，他需要的文档和其他领域的经理所需要的文档非常相似。

- 内容：目标。定义待完成的目标、迫切需要的资源、约束和优先级。
- 内容：产品规约。从建议书开始，以用户手册和内部文档结束。速度和空间规约是关键的部分。
- 时间：进度表。
- 资金：预算。
- 地点：空间分配。
- 人员：组织图。它与接口规约交织在一起，如同康威定律所预测的："设计系统的组织受到限制以生产系统，而系统则是组织的通信结构的副本。"[1]康威接着指出，反映最初系统设计的组织结构图几乎肯定不会是正确的。如果系统设计能自由地变化，组织必须为变化做好准备。

为什么要有正式的文档

首先，书面记录决策是必要的。只有记录下来，分歧才会明朗，矛盾才会突出。实际上，书写这项活动需要进行上百次的细小决定，正是由于它们的存在，人们才能从令人迷惑的现象中识别出清晰、确定的政策。

其次，文档能够作为同其他人沟通的渠道。经理会不断惊讶地发现，许多他认为是常识的政策，完全不为团队的一些成员所知。正因为经理的基本职责是使每个人都朝相同的方向前进，所以他的主要工作是沟通，而不是做出决定。这些文档能极大地减轻他的负担。

最后，经理的文档可以作为数据基础和检查列表。通过周期性的回顾，他能清楚项目所处的状态，以及哪些需要重点进行更改和调整。

我并不是很同意销售人员所吹捧的“完全信息管理系统”的愿景——管理人员只需要在计算机上输入查询，显示屏上就会显示出结果。有许多基本原因决定了上述系统是行不通的。一个原因是高管只有很小一部分——也许20%——的时间用于需要从自己的头脑之外获取信息的任务，其他的工作是沟通，包括倾听、报告、讲授、规劝、讨论和鼓励。不过，对于基于数据的部分，少数关键的文档是至关重要的，它们可以满足绝大多数需要。

经理的任务是制订计划，并实现计划。但是只有书面计划是精确和可以沟通的。计划中包括了时间、地点、人员、项目内容和资金。这些少量的关键文档封装了经理的大部分工作。如果一开始就认识到它们的普遍性和重要性，那么经理可以将它们视为友好的工具，而不是繁琐的琐事。通过开展文档工作，经理能更清晰和更快速地设定自己的方向。

第11章 未雨绸缪

不变只是愿望，变化才是永恒。

——斯威夫特

普遍的做法是，选择一种方法，试试看；如果失败了，没关系，再试试别的方法。不管怎么样，重要的是先去尝试。

——富兰克林·罗斯福[1]

1940年塔科马海峡大桥(Tacoma Narrows Bridge)的倒塌现场，倒塌原因是空气动力学上的设计失误。

资料来源：UPI Photo/The Bettman Archive

Ⓢ 试验性工厂和增大规模

化学工程师很早就认识到，在实验室中可以进行的反应过程，并不能在工厂中一步实现。一个被称为“试验性工厂”(pilot plant)的中间步骤是非常必要的，它会为提高产量和在缺乏保护的环境下运作提供宝贵经验。例如，海水淡化的过程会先在产量为10 000加仑/天的试验场所测试，然后再使用2 000 000加仑/天的净化系统投入生产。

软件系统的构建人员也面临类似的问题，但似乎并没有吸取教训。一个接一个的软件项目都是一开始设计算法，然后将算法应用到待发布的软件中，最后根据进度把第一次开发的产品发布给顾客。

对于大多数项目，第一次开发的系统并不合用。它可能太慢、太大，而且难以使用，或者三者兼而有之。要解决所有的问题，除了重新开发一个更灵巧或者更好的系统以外，没有其他的办法。系统的丢弃和重新设计可以一步完成，也可以一块块地实现。所有大型系统的经验都显示，这是必须完成的步骤。[2]而且，新的系统概念或新技术会不断出现，必须构建一个用来抛弃的系统，因为即使是最优秀的项目经理，也不能无所不知地在项目最初解决这些问题。

因此，管理上的问题不再是“是否构建一个试验性的系统，然后抛弃它”，而是必须这样做。现在的问题是“是否预先计划抛弃原型的开发，或者是否将该原型发布给用户”，从这个角度看待问题，答案更加清晰。将原型发布给用户，可以获得时间，但是它的代价高昂——对于用户，使用起来极度痛苦；对于重新开发的人员，分散了精力；对于产品，影响了声誉，即使最好的再设计也难以挽回名声。

因此，为舍弃而计划，无论如何，你一定要这样做。

Ⓢ 唯一不变的就是变化本身

一旦认识到试验性的系统必须被构建和丢弃，具有变更思想的重新设计将不可避免，那么，面对整个变化现象就是非常有用的。第一步是接受这样的事实：变化是与生俱来的，不是不合时宜和令人生厌的异常情况。Cosgrove很有洞察力地指出，开发人员交付的是用户满意程度，而不仅仅是有形的产品。用户的实际需要和用户感觉会随着程序的构建、测试和使用而变化。[3]

当然对于硬件产品而言，同样需要满足要求，无论是新型汽车还是新型计算机。但物体的客观存在容纳和阶段化(量子化)了用户对变更的要求。软件产品易于掌握的特性和不可见性，导致它的构建人员面临永恒的需求变更。

我从不建议顾客所有的目标和需求的变更必须、能够或者应该整合到设计中。项目开始时建立的基准，肯定会随着开发的进行而越来越高，甚至导致开发不出任何产品。

然而，目标上的一些变化不可避免，事先为它们做准备总比假设它们不会出现要好得多。不但目标上的变化不可避免，而且设计策略和技术上的变化也不可避免。抛弃原型概念本身就是对事实的接受——随着学习的过程更改设计。[4]

Ⓢ 为变更设计系统

如何为上述变化设计系统，这是一个众所周知的问题，在书本上被普遍讨论。它们包括细致的模块化，可扩展的函数，精确、完整的模块间接口设计和完备的文档。另外，还可能会采用包括调用队列和表驱动的一些技术。

最重要的措施是使用高级语言和自文档技术，以减少变更引起的错误。采用编译时的操作来整合标准声明，在很大程度上有助于变化的调整。

变更的阶段化是一种必要的技术。每个产品都应该有数字版本号，每个版本都应该有自己的日程表和冻结日期，在此之后的变更属于下一个版本的范畴。

Ⓢ 为变更计划组织架构

Cosgrove主张把所有计划、里程碑和日程安排都当作尝试性的，以方便进行变化。这似乎有些走极端——现在软件编程小组失败的主要原因是管理控制得太少，而不是太多。

不过，他提出了一种卓越的见解。他观察到不愿意为设计书写文档的原因，不仅仅是由于惰性或者时间压力。相反，设计人员通常不愿意提交尝试性的设计决策，再为它们进行辩解。“通过设计文档化，设计人员将自己暴露在每个人的批评之下，他必须能够为他书写的一切进行辩护。如果团队架构因此受到任何形式的威胁，则没有任何东西会被文档化，除非架构是完全受到保护的。”

为变更组建团队比为变更进行设计更加困难。每个人被分派的工作必须是多样的、富有拓展性的。从技术角度而言，整个团队可以被灵活地安排。在大型的项目中，项目经理需要有两个或三个顶级程序员作为“技术轻骑兵”。当工作最密集的时候，他们能高效地解决各种问题。

当系统发生变化时，管理结构也需要进行调整。这意味着，只要管理人员和技术人才的天赋允许，老板必须对他们的能力培养给予极大的关注，使管理人员和技术人才具有互换性。

这其中的障碍是社会性的，人们必须同顽固的戒心做斗争。首先，管理人员自己常常认为高级人员太“有价值”，而舍不得让他们从事实际的编程工作；其次，管理人员拥有更高的威信。为了解决这个问题，一些实验室，如贝尔实验室，废除了所有的职位头衔，每个专业人士都是技术人员中的一员。而一些实验室，如IBM，保持了两条职位晋升线，如图11-1所示。相应的级别在概念上是相同的。

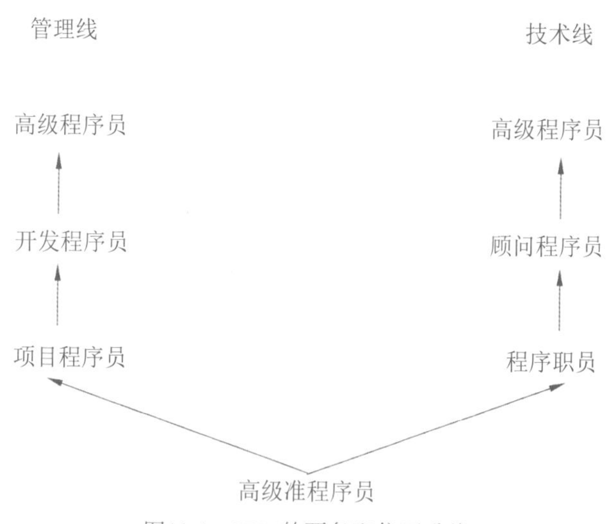

图11-1　IBM的两条职位晋升线

为上述层次建立一致的薪水级别很容易，但要建立一致的威信，会困难一些。比如，办公室的大小和布局应该相同。秘书和其他支持性人员也必须相同。从技术线向管理线同级调动时，不能伴随着待遇的提升，其应该以“调动”而不是“晋升”的名义。相反，调整则应该伴随待遇的提高，在传统意识上进行补偿是必要的。

管理人员需要参与技术课程，高级技术人才需要进行管理培训。项目目标、进展和管理问题必须在所有高层人员中得到共享。

只要能力允许，高层人员必须时刻做好技术和情感上的准备，管理团队或者亲自参与开发工作。虽然工作量很大，但很值得。

组建外科手术队伍式的软件开发团队，其整体观念是对上述问题的彻底冲击。其结果是当高级人才编程和开发时，不会感到自降身份。这种方法试图清除那些会剥夺创造性工作的乐趣的社会障碍。

另外，上述组织架构的设计是为了最小化成员间的接口。同样地，它使系统在最大限度上易于修改。当组织构架必须变化时，为不同的软件开发任务重新安排整个“外科手术队伍”，会变得相对容易一些。这的确是一个长期、有效、灵活的组织构架解决方案。

Ⓢ 前进两步，后退一步

在程序发布给顾客使用之后，并不会停止变化。发布后的变更被称为“程序维护”，但是软件的维护过程不同于硬件维护。

计算机系统的硬件维护包括三项活动：替换损坏的器件、清洁和润滑、修改设计上的缺陷。(大多数情况下——但不是全部——变更修复的是实现上，而不是结构上的一些缺陷。对用户而言，这常常是不可见的。)

软件维护不包括清洁、润滑或对损坏器件的修复，它主要是对设计缺陷的修复。与硬件维护相比，软件变更通常新增更多的功能，它通常是用户能察觉的。

对于一个广泛使用的程序，其维护总成本通常是开发成本的40%或更多。令人吃惊的是，该成本受用户数目的影响很大。用户越多，所发现的错误也就越多。

麻省理工学院核科学实验室的Betty Campbell指出，特定版本的软件发布生命期中存在一个有趣的循环。如图11-2所示。起初，上一个版本中被发现和修复的bug，在新的版本中仍会出现。新版本中的新功能会产生新的bug。解决了这些问题以后，程序会正常运行几个月。接着，错误率会重新攀升。Campbell认为，这是因为用户的使用达到了新的熟练水平，他们开始运用新的功能。这种高强度的使用测试出了新功能中很多不易察觉的问题。[5]

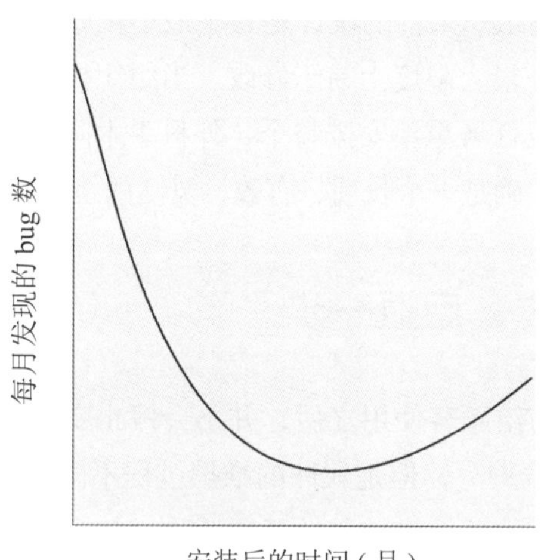

图11-2　出现的bug数量是发布时间的函数

程序维护中的一个基本问题是，缺陷修复总会以固定(20%～50%)的概率引入新的bug。所以，整个过程是前进两步，后退一步。

为什么缺陷不能更彻底地被修复？首先，看上去很微小的错误，似乎仅仅是局部操作上的失败，实际上却是系统级别的问题，通常这不是很明显。修复局部问题的工作量很清晰，并且往往不大。但是，更大范围的修复工作常常会被忽视，除非软件结构很简单，或者文档书写得非常详细。其次，维护人员常常不是编写代码的开发人员，而是一些初级程序员或者新手。

作为引入新bug的一个后果，程序每条语句的维护需要的系统测试比其他编程要多。理论上，在每次修复之后，必须重新运行先前所有的测试用例，从而确保系统不会以更隐蔽的方式被破坏。实际情况中，**回归测试**必须接近上述理想状况，所以它的成本非常高。

显然，使用能消除或至少能指明副作用的程序设计方法，会在维护成本上有很大的回报。同样，设计实现的人员越少、接口越少，产生的错误也就越少。

Ⓢ 前进一步，后退一步

Lehman和Belady研究了大型操作系统的一系列发布版本的历史。[6]他们发现模块总数量随版本号的增加呈线性增长，但是受到影响的模块数量随版本号的增加呈指数增长。所有修改都倾向于破坏系统的架构，增加了系统的混乱程度(熵)。用于修复原有设计中瑕疵的工作量越来越少，而早期维护活动本身所引起的漏洞的修复工作越来越多。随着时间的推移，系统变得越来越无序，修复工作迟早会失去根基。每一步前进都伴随着一步后退。尽管系统在理论上一直可用，但实际上，整个系统已经面目全非，无法再成为下一步进展的基础。而且，机器在变化，配置在变化，用户的需求在变化，现实系统不可能永远可用。崭新的、基于原有系统的重新设计是完全必要的。

通过对统计模型的研究，关于软件系统，Belady和Lehman得到了更具普遍意义、被所有经验支持的结论。“事物在最初总是最好的，”正如Pascal. C. S. Lewis所敏锐指出的：

> 这正是历史的关键。使用卓越的能源，构建文明，成立杰出的机构，但是每次总会出现问题。自私和残酷的人类升到塔尖后，总有一些致命的缺陷，使得一切开始滑落，回到痛苦和废墟之中。实际上，机器失灵了。看上去，就好像是机器启动时一样正常，跑了几步，然后垮掉了。[7]

系统软件开发是减少混乱度(减少熵)的过程，所以它本身是处于亚稳态的。软件维护是提高混乱度(增加熵)的过程，即使是最熟练的软件维护工作，也只是放缓了系统退化到非稳态的进程。

第 12 章

干将莫邪

巧匠因为他的工具而出名。

——谚语

《雕刻师》(*Lo Scultore*)(A. 皮萨诺约1335年刻于佛罗伦萨圣母百花大教堂钟塔)

资料来源：Scala/Art Resource, NY

就工具而言，即使是现在，很多软件项目仍然像经营一家五金店。每个骨干人员都仔细地保管自己工作生涯中搜集的一套工具集，这些工具成为个人技能的直观证明。正是如此，每个编程人员也保留着编辑器、排序、内存信息转储和磁盘空间实用程序等工具。

这种方法对软件项目来说是愚蠢的。首先，项目的关键问题是沟通，个性化的工具会妨碍而非促进沟通。其次，当机器和工作语言发生变化时，技术也会随之变化，所有工具的生命周期都是很短的。最后，毫无疑问，开发和维护公共的通用编程工具的效率更高。

不过，仅有通用工具是不够的。专业需要和个人偏好同样需要很多专业工具。所以在前面关于软件开发队伍的讨论中，我建议为每个团队配备一名工具管理人员。这个角色管理所有通用工具，能指导他的客户和老板如何使用工具。同时，他还能编制老板需要的专业工具。

因此，项目经理应该制定一套策略，并为通用工具的开发分配资源。与此同时，他还必须意识到对专业工具的需求，对这类工具的开发不能吝啬人力和物力——这种企图的危害非常隐蔽。可能有人会觉得，将所有分散的工具管理人员集中起来，形成一个公共的工具小组，会有更高的效率，实际上却不是这样。

项目经理必须考虑、计划、组织的工具到底有哪些呢？首先是计算机设施。它需要硬件和使用安排策略；它需要操作系统，提供服务的方式必须明了；它需要语言，语言的使用方针必须明确。然后是实用程序、调试辅助程序、测试用例生成工具和处理文档的字处理系统。接下来我们逐一讨论它们。[1]

Ⓢ 目标机器

机器支持可以有效地划分成目标机器支持和辅助机器支持。目标机器是软件所服务的对象，程序必须在该机器上进行最后测试。辅助机器是那些在开发系统中提供服务的机器。如果是在为原有的机型开发新的操作系统，则该机器不仅充当目标机器的角色，也可作为辅助机器。

目标机器的类型有哪些？团队开发的监督程序或其他系统核心软件当然需要它们自己的机器。目标机器系统会需要若干操作员和一两个系统编程人员，以保证机器上的标准支持是及时更新和实时可用的。

如果还需要其他的机器，其将是一件很古怪的事情——运行速度不必非常快，但至少要若干兆字节的主存，百兆字节的在线硬盘和终端。字符型终端即可满足要求，但是它必须比15字符/秒的打字机速度要快。大容量内存可以进行功能测试之后的进程覆盖和剪裁工作，从而极大地提高生产率。

另外，还需要配备调试机器或者软件。这样，在调试过程中，所有类型的程序参数可以被自动计数和测量。例如，内存使用模式是非常强大的诊断措施，能查出程序中不合逻辑的行为或者性能意外下降的原因。

进度安排。当目标机器刚刚被研制，且它的第一个操作系统被开发时，机器时间是非常匮乏的，进度安排成了主要问题。目标机器时间需求具有特别的增长曲线。在OS/360开发中，我们有很好的System/360仿真器和其他的辅助设施，并根据以前的经验，计划出System/360的使用时间(小时数)，向制造商提前预订了机器。不过，起初它们日复一日地处于空闲状态。突然有一天，所有16个系统全部上线，这时资源配给出现了问题。实际使用情况如图12-1所示。每个人在同一时间，开始调试自己的第一个组件，然后团队大多数成员持续地进行某些调试工作。

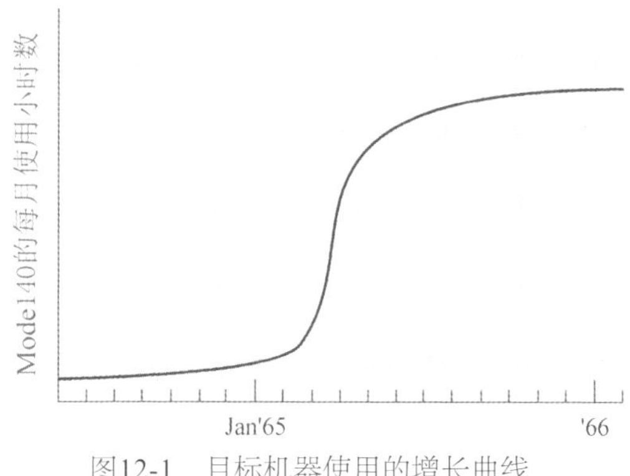

图12-1 目标机器使用的增长曲线

我们集中了所有的机器和磁带库，并组建了一个富有经验的专业团队来操作它们。为了最大限度地利用S/360的时间，我们在任何系统空闲和可能的时间里，以批处理方式运行所有调试任务。我们尝试每天运行4次(周转时间为2.5小时)，而实际要求的周转时间为4小时。我们使用了一台带有终端的1401辅助机器来进行调度，跟踪成千上万的任务，监督周转时间。

但是整个开发队伍运转得过度了，在经过了几个月的缓慢周转、相互指责和极度痛苦之后，我们开始把机器时间分配成连续的块。例如，整个从事排序工作的15人小组，会得到系统4～6小时的使用时间块，由他们自己决定如何使用。即使没有安排，其他人也不能使用机器资源。

这种方式是一种更好的分配和安排方法。尽管机器的利用程度可能会有些降低(常常不是这样)，生产率却提高了。上述小组中的每个人，6小时中连续10次操作的生产率，比间隔3小时的10次操作要高许多，因为持续的精力集中能减少思考时间。在这样的冲刺之后，提出下一个时间块要求之前，小组通常需要1～2天的时间来从事书面文档工作。并且，通常3人左右的小组能卓有成效地安排和共享时间块。在调试新操作系统时，这似乎是一种使用目标机器的最好方法。

上述方法尽管没有在任何理论中被提及，在实际情况中却一直如此。另外，同天文工作者一样，系统调试总是夜班性质的工作。20年前，当所有机房负责人在家中安睡时，我却不愿意严格遵守作息时间，黎明之前仍辛勤地工作。三代机器过去了，技术完全改变了，操作系统出现了，大家喜好的工作方式并没有改变。这种工作方式得以延续，是因为它的生产率最高。现在，人们已开始认识到它的生产力，并且敞开地接受这种富有成效的实践。

Ⓢ 辅助机器和数据服务

仿真装置。如果目标机器是新产品，则需要一个目标机器的逻辑仿真装置。这样，在生产出新机器之前，就有辅助的调试平台可供使用。同样重要的是，即使新机器出现之后，仿真装置仍然可以提供可靠的调试平台。

可靠并不等于精确。在某些方面，仿真机器肯定无法精确地达到与新型机器一致的实现。但是至少在一段时间内，它的实现是稳定的。

现在，计算机硬件能够自始至终正常工作，对此我们已经习以为常。除非程序开发人员发现相同运算在运行时会产生不一致的结果，否则出错时，他都会检查自己代码中的错误，而不是怀疑他的运行平台。

这样的经验，对于支持新型机器的编程工作来说，是不好的。实验室研制和试制的模型产品或早期硬件不会像定义的那样运行，不会稳定工作，甚至不会保持不变。当发现bug时，所有的机器备份，包括软件编程小组所使用的，都会被修改。这种飘忽不定的开发基础实在糟糕。而硬件失败，通常是间歇性的，导致情况更加恶劣。不确定性是所有情况中最糟糕的，因为它剥夺了开发人员查找bug的动力——也许bug根本就不存在。所以，一套运行在稳定辅助平台上的可靠仿真装置，提供了远大于我们所期望的功用。

编译器和汇编平台。出于同样的原因，编译器和汇编软件需要运行在可靠的辅助平台上，为目标机器编译目标代码。接着，可以在仿真装置上立刻开始后续的调试。

高级语言的编程开发中，在目标机器上开始全面测试目标代码之前，编译器可以在辅助机器上完成很多目标代码的调试和测试工作。这为直接运行提供了支持，而不仅仅是稳定机器上的仿真结果。

程序库和管理。在OS/360开发中，一种非常成功和重要的辅助机器应用是对程序库的维护。该系统由W. R. Crowley带领开发，连接两台7010机器，共享一个很大的磁盘数据库。7010还提供了System/360汇编程序。所有经过测试或者正在测试的代码都保存在该库中，包括源代码和汇编装载模块。这个库实际上划分成不同访问规则下的子库。

首先，每个组或者编程人员都被分配了一个区域，用来存放他的程序备份、测试用例，以及单元测试需要的测试辅助平台。在这个开发库(playpen)中，不存在任何限制开发人员的规定。他可以自由处置自己的程序，因为他是它们的拥有者。

当开发人员准备将软件单元集成到更大的部分时，他向集成经理提交一份备份，后者将备份放置在系统集成子库中。此时，原作者不可以再改变代码，除非得到了集成经理的批准。当系统合并在一起时，集成经理开始进行所有的系统测试工作，识别和修补bug。

有时，系统的一个版本可能会被广泛应用，它被提升到当前版本子库。此时，这个备份是不可更改的，除非有重大缺陷要修复。该版本可以用于所有新模块的集成和测试。7010机器上的程序目录对每个模块的每个版本进行跟踪，包括它的状态、用途和变更。

这里有两个重要的理念。首先是受控，即程序的备份由经理负责，他可以独立地授权程序的变更。其次是使发布的进展变得正式，以及开发库与集成、发布的正式分离。

在我看来，这是OS/360工作中最优秀的成果之一。它实际上是管理技术的一部分，几个大型的项目都独立地发展了这种技术，包括贝尔实验室、ICL、剑桥大学等。[2]它同样适用于文档，是一种不可缺少的技术。

编程工具。随着新调试技术的出现，旧方法的使用减少了，但并没有消失。因此，还是需要内存转储、源文件编辑、快照转储，甚至跟踪等工具。

与此类似，一整套实用程序同样是必要的，用来实现磁带走带、备份磁带、打印文件和更改目录等工作。如果一开始就任命了项目的工具操作和维护人员，那么这些工作可以一次性完成，并且随时处在待命状态。

文档系统。在所有的工具中，最能节省劳动力的，可能是运行在可靠辅助平台上的、计算机化的文本编辑系统。我们有一套使用非常方便的系统，由J. W. Franklin发明。没有它，OS/360手册的进度可能会远远落后，而且更加晦涩难懂。另外，对于6英尺厚的OS/360手册，很多人认为它是无用的，它的庞大带来了新的疑惑。这种观点有一些道理。

对此，我通过两种途径做出了反应。第一，OS/360的文档规模是极其庞大的，但阅读计划是被仔细安排的。如果选择性地阅读，则可以忽略大部分内容和省下大量时间。人们必须把OS/360的文档看成图书馆或百科全书，而不是一系列强制阅读的文章。

第二，OS/360的文档比那些刻画了大多数编程系统特性的短篇文档更加可取。不过，我也承认，手册仍有某些需要大量改进的地方，经改进的文档篇幅会大大减少。事实上，某些部分(例如概念和设施)已经被很好地改写了。

性能仿真装置。最好有一个性能仿真装置。正如我们将在下章讨论到的，彻底地开发一个性能仿真装置。使用相同的自上向下的设计方法，来实现性能仿真装置、逻辑仿真装置和产品。尽可能早地开始这项工作，仔细地听取“它们表达的意见”。

Ⓢ 高级语言和交互式编程

在10年前的OS/360开发中，并没有使用现在最重要的两种系统编程工具。目前，它们也没有得到广泛应用，但是所有证据都证明了它们的功效和适用性。这两种系统编程工具是高级语言编程和交互式编程。我确信只有懒散和惰性会妨碍它们的广泛应用，技术上的困难不再成为借口。

高级语言。使用高级语言的主要原因是生产率和调试速度。我们在前面已讨论过生产率的问题(见第8章)。其中，并没有提到大量的数字论据，但是其所体现出来的是整体提升，而不仅仅是部分增加。

调试上的改进来自下列事实——存在更少的bug，而且更容易查找。bug更少的原因是它避免在错误面前暴露所有级别的工作，这样不但会造成语法上的错误，还会产生语义上的问题，如不当使用寄存器等。编译器的诊断机制可以帮助找出这些错误，更重要的是，它非常容易插入调试的快照。

就我而言，这些生产率和调试方面的优势是势不可挡的。我无法想象使用汇编语言能方便地开发出系统软件。

那么，上述工具的传统反对意见有哪些呢？这里有三点：①它无法完成我想做的事情；②目标代码过于庞大；③目标代码运行速度过慢。

就功能而言，我相信反对不再存在。所有证据都显示了人们可以完成想做的事情，只是需要花费时间和精力找出如何做而已，这可能需要一些讨人嫌的技巧。[3, 4]

就空间而言，新的优化编译器已非常令人满意，并且将持续地改进。

就速度而言，经优化编译器生成的代码，比绝大多数程序员手写代码的效率要高。而且，在前者被全面测试之后，可以将其中的1%～5%替换成手写的代码，这往往能解决速度方面的问题。[5]

系统编程需要什么样的高级语言呢？现在唯一可供合理选择的语言是PL/I。[6]它提供完整的功能集；它与操作系统环境相吻合；它有各种各样的编译器，一些是交互式的，一些速度很快，一些诊断性很好，另一些能产生优化程度很高的代码。我自己觉得使用APL来解决算法问题更快一些，然后将它们翻译成与系统环境相吻合的PL/I语言。

交互式编程。MIT的Multics项目的成果之一是它对软件编程系统开发的贡献。在那些系统编程所关注的方面，Multics(以及后续系统，IBM的TSS)和其他交互式计算机系统在概念上有很大的不同：多个级别的数据和程序的共享与保护，可延伸的库管理，以及用于终端用户之间协作的设施。我确信在许多应用上，批处理系统绝对不会被交互式系统所取代。但是，我认为Multics小组是系统编程应用上最具有说服力的成功案例。

然而，目前还没有非常明显的证据来证明这些功能强大的工具的效力。正如人们所普遍认识的那样，调试是系统编程中较慢和较困难的部分，而漫长的调试周转时间是调试的祸根。就这一点而言，交互式编程的逻辑合理性是毋庸置疑的。[7]

另外，我们从很多采用这种方式开发了小型系统和系统某个部分的人那里得到了很多好的证据。我唯一见到的关于大型编程系统开发方面的数字出自贝尔实验室John Harr的论文。这些数字如图12-2所示，它们分别反映了代码编写、汇编和程序调试的情况。第一个程序主要是控制程序，其他三个则是语言翻译、编辑等程序。Harr的数据表明，在系统软件开发中，交互式编程的生产率至少是原来的2倍。[8]

程序	规模	批处理(B)或交互式(C)	指令/人年
ESS代码	800 000	B	500 ~ 1 000
7094 ESS支持	120 000	B	2 100 ~ 3 400
360 ESS支持	32 000	C	8 000
360 ESS支持	8 300	B	4 000

图12-2　批处理和交互式编程生产率的对比

由于电传打字机和打印机终端无法用于内存转储的调试，大多数交互式工具的有效使用需要采用高级语言来开发。有了高级语言，就能很容易地修改代码和选择性地打印结果。实际上，它们是一对强大的工具。

第13章

整体部分

我可以召唤地下的幽魂。

这我也会，什么人都会，可是当您召唤它们的时候，它们会应召而来吗？

——莎士比亚，《亨利四世》，第一部

迪士尼公司的米老鼠

和古老的神话一样，现代社会也总有一些爱吹嘘的人：“我可以编写控制航空运输、拦截导弹、管理银行账户、控制生产线的系统。”对这些人，回答很简单，“我也可以，任何人都可以，但是当你真的写了，系统就能成功运行吗？”

如何开发一个可以运行的系统？如何测试系统？如何将经过测试的一系列构件集成到已测试过、可以依赖的系统？对这些问题，我们以前或多或少地提到了一些解决方法，现在就来更加系统地考虑一下。

Ⓢ 剔除 bug 的设计

防范bug的定义。系统各个组成部分的开发者都会做出一些假设，而这些假设之间的不匹配是大多数致命和难以察觉的bug的主要来源。第4～6章所讨论的获取概念完整性的途径就是直接面对这些问题的。简言之，产品的概念完整性在使它易于使用的同时，也使开发更容易进行，而且bug更不容易产生。

上述方法意味着详尽、艰苦的体系结构设计正是出于这种目的。贝尔实验室安全监控系统项目的V. A. Vyssotsky提出：“关键的工作是产品定义。许多的失败完全是由那些产品未精确定义的地方而导致的。”[1]细致的功能定义、仔细的规格说明、规范化的功能描述说明，以及这些方法的实施，大大减少了系统中必须查找的bug数量。

测试规格说明。在编写任何代码之前，规格说明必须提交给外部测试小组，以详细地检查说明的完整性和明确性。如同Vyssotsky所说的，开发人员自己无法完成这项工作：“他们不会告诉你他们不懂。相反，他们乐于自己摸索出解决问题和澄清疑惑的办法。”

自上而下的设计。在1971年的一篇论文中，Niklaus Wirth把一种被很多最优秀的编程人员多年使用的设计流程形式化。[2]尽管他的理念是为了程序设计，也完全适用于复杂系统的软件开发设计。他将系统开发划分为体系结构设计、设计实现和物理编码实现，每个步骤都可以使用自上而下的方法很好地实现。

简言之，Wirth的流程将设计看成一系列精化步骤。最初，他通过比较粗略的任务定义和大概的解决方案得到主要结果。然后，对该定义和方案进行细致的检查，以判断结果与期望之间的差距。同时，将上述步骤的解决方案在更细的步骤中进行分解，每一项任务定义的精化变成了解决方案中算法的精化，还可能伴随着数据表达方式的精化。

在这个过程中，当识别出解决方案或者数据的模块时，对这些模块的进一步细化可以独立于其他的工作，而模块的大小决定了程序的适用性和可变化的程度。

Wirth主张在每个步骤中，尽可能地使用级别较高的表达方法来表现概念和隐藏细节，直到有必要进行进一步的细化。

好的自上而下的设计从几个方面避免了bug。第一，清晰的结构和表达方式更容易对需求和模块功能进行精确描述。第二，模块分割和模块独立性避免了系统级的bug。第三，细节的抑制使结构上的缺陷更加容易识别。第四，设计在每个精化步骤上都是可以测试的，所以测试可以尽早开始，并且每个步骤的重点可以放在合适的级别上。

当遇到一些意想不到的问题时，按部就班的流程并不意味着步骤不能逆转。实际上，这种情况经常发生。至少，它让我们更加清楚在什么时候和为什么抛弃了整个设计并重新开始。一些糟糕的系统往往试图挽救一个基础很差的设计，而对它添加了各种表面装饰般的补丁。自上而下的方法减少了这样的企图。

我确信在十年内，自上而下的设计将会是最重要的新型形式化软件开发方法。

结构化编程。另外一系列减少bug数量的新方法很大程度上来自Dijkstra。[3]Böhm和Jacopini为其提供了理论证明。[4]

该方法所设计程序的控制结构基本上仅包含语句形式的循环结构，例如DO …WHILE，以及IF…THEN…ELSE的条件判断结构，而具体的条件部分在IF…THEN…ELSE后的花括号中描述。Böhm和Jacopini展示了这些结构在理论上是可以证明的。而Dijkstra认为另外一种方法，即通过GO TO不加限制地分支跳转，会产生导致自身逻辑错误的结构。

虽然这种方法的基本理念非常优秀，但仍有人提出了一些反面的意见。一些附加的控制结构非常实用，例如，在多个条件下的多路分支(CASE语句)、异常跳转等(Go To Abnormal End)。此外，关于完全避免GO TO语句的说法显得有些教条主义，而且似乎有些吹毛求疵。

关键的地方和构建无bug程序的核心是把系统的结构作为控制结构来考虑，而不是独立的分支语句。这种思考方法是我们在程序设计发展史上向前迈出的一大步。

Ⓢ 构件单元调试

程序调试过程在过去的20年中经过了一个大循环，甚至在某些方面，它们又回到了起点。整个循环有5步，跟随这个过程并检验每个步骤各自的动机是一件很有趣的事情。

本机调试。早期机器的输入和输出设备很差，延迟也很长。典型的情况是，机器采用纸带或者磁带的方式来读写，采用离线设备来完成磁带的准备和打印工作。这使得调试时无法忍受磁带的输入/输出。因此，在一次机器交互会话中会尽可能多地包含试验性操作。

在这种情况下，程序员仔细地设计他的调试过程——计划停止的地点、确认内存的位置、需要检查的东西，以及如果没有预期结果时的对策。花费在编写过度烦琐的调试程序上的时间，可能是被调试程序编制时间的一半。

这个步骤的“重大罪过”是在没有把程序划分成测试段和对执行终止位置进行计划的前提下，就粗暴地按了“开始”键。

内存转储。本机调试非常有效。在两小时的交互过程中可能会发现一打问题，由于计算机的资源非常匮乏，因此成本很高。计算机资源的浪费实在是一件可怕的事情。

因此，当使用在线高速打印机时，测试技术发生了变化。某人持续地运行程序，直到某个检测失败，这时所有的内存都被转储。接着，他将开始艰苦的桌面工作，考虑每个内存位置的内容。桌面工作的时间和本机调试并没有太大的不同，但它的方式与以前相比更为含混，不易理解，并且发生在测试执行之后。由于测试依赖于批处理的周期，特定用户调试用的时间更长。总之，整个过程的设计是为了减少计算机的使用时间，尽可能满足更多的编程人员。

快照。采用内存转储技术的机器往往配有2 000～4 000字(双字节)或者8KB～16KB的内存。但是，随着内存规模的不断增长，对整个内存都进行转储变得不大可能。因此，人们开发了有选择转储、选择性跟踪和将快照插入程序的技术。OS/360 TESTRAN允许将快照插入程序，无须重新汇编和编译，它是快照技术方向的终极产品。

交互式调试。1959年，Codd和他的同事[5]，以及Strachey[6]分别发表了关于协助分时调试工作的论文，提出了一种兼有本机调试方式实时性和批处理调试高效使用率的方法。计算机将多个程序载入内存中准备运行，被调试的程序和一个只能由程序控制的终端相关联，由监督调度程序控制调试过程。当终端前的编程人员停止程序以检查进展情况或者进行修改时，监督程序可以运行其他程序，从而保证了机器的使用率。

Codd的多道程序系统已经开发出来了，但是它的重点是通过有效地利用输入/输出来提高吞吐量，并没有实现交互式的调试。Strachey的想法不断得到改进，终于在1963年由MIT的Corbató和他的同事在7090的实验性系统上实现了。[7]这个开发结果导致了如今的MULTICS、TSS和其他分时系统的出现。

在最初使用的本机调试方法和现在的交互式调试方法之间，用户可以感觉到的主要差异是由于调度监控程序和相关语言解释编译器的出现而带来的便利。而现在，已经可以用高级语言来编程和调试了，高效的编辑工具使修改和快照更为容易。

交互式调试拥有和本机调试一样的操作实时性，但前者并没有像后者要求的那样，在调试过程中要预先进行计划。在某种程度上，像本机调试那样的预先计划显得并不是很有必要，因为在调试人员停顿和思考时，计算机的时间并没有被浪费。

不过，Gold的实验得到一个有趣的结果。这个结果显示，在每次调试会话中，第一次交互取得的工作进展是后续交互的3倍。[8]这强烈地暗示着，由于缺乏对调试会话的计划，我们没有充分利用交互式调试的潜力，原有本机调试技术中那段高效率的时间消失了。

我发现对良好终端系统的正确使用，往往要求每两小时的终端会话对应于两小时的桌面工作。这其中一半时间用于上次会话的清理工作：更新调试日志，把更新后的程序列表加入项目文件夹中，解释调试中出现的奇怪现象。剩余的一半时间用于准备：为下一次操作设计详细的测试，进行计划的变更和改进。如果没有这样的计划，则很难保持两个小时的高生产率；而如果没有事后的清理工作，则很难保证后续终端会话的系统化和持续推进。

测试用例。关于实际调试过程和测试用例的设计，Gruenberger提出了特别好的对策，[9]在其他文章中，也有更为简便的方法。[10,11]

Ⓢ 系统集成调试

软件系统开发过程中出乎意料的困难部分是系统集成测试。前面我已经讨论了一些困难产生和困难不确定的原因。其中需要再次确认的事是系统调试花费的时间会比预料的更长，它的困难证明了需要一种完备系统化和可计划的方法。下面来看看这样的方法所包含的内容。[12]

使用经过调试的构件单元。尽管其并不是普遍的实际情况——不过通常的看法是——系统集成调试要求只能在每个部分都能正常运行之后开始。

实际工作中，存在着与上述看法不同的两种情况。一种情况是“合在一起尝试”，这似乎是基于以下观点：除了构件单元上的bug之外，还存在系统bug(如接口)，将各个部分合拢得越早，系统bug就出现得越早。另一种情况则没有这么复杂：使用系统的各个部分进行相互测试，避免了大量测试辅助平台的搭建工作。这两种情况显然都是合理的，但经验显示，它们并不完全正确——在系统测试中使用完好的、经过调试的构件，能比搭建测试平台和进行全面的构件单元测试节省更多的时间。

更精妙的一种方法是“文档化的bug”。它声明当构件单元所有的缺陷已经被发现，但在还没有被完全修复时，就已经做好了系统调试的准备。在系统测试期间，根据该理论，测试人员知道这些缺陷造成的后果，从而可以忽略它们，将注意力集中在新出现的问题上。

但是所有这些只是良好的愿望，只是试图为结果的偏离寻找一些合理理由。实际上，调试人员并不了解bug引起的所有后果；不过，如果系统比较简单，系统测试倒不会太困难。另外，对文档记录bug的修复工作本身会注入未知的问题，接下来的系统测试会令人困惑。

搭建充分的测试平台。这里所说的辅助测试平台，指的是供调试使用的所有程序和数据，它们不会整合到最终产品中。测试平台可能会有相当于测试对象一半的代码量，但这是合乎情理的。

一种辅助测试的方式是**伪构件**(dummy component)，它仅仅由接口和可能的伪数据或者一些小的测试用例组成。例如，系统包含某种排序程序，但该程序还未完成，这时其他部分的测试可以通过伪构件来实现，该构件只是读入输入数据，对数据格式进行校验，输出格式良好但没有实际意义的有序数据以供使用。

另一种辅助测试的方式是**微缩文件**(miniature file)。很常见的一类bug来自对磁带和磁盘文件格式的错误理解。所以，创建一个仅包含典型记录，但涵盖全部描述的小型文件是非常值得的。

微缩文件的特例是**伪文件**(dummy file)，它实际上并不常见。

不过OS/360的任务控制语言提供了这种功能，对于构件单元调试非常有用。

还有一种辅助测试的方式是**辅助程序**(auxiliary program)。用来测试数据的发生器、特殊的打印输出和交叉引用表分析等，这些都是需要另外开发的专用辅助工具的例子。[13]

控制变更。在测试期间进行严密控制是硬件调试中一项令人印象深刻的技术，它同样适用于软件系统。

首先，必须有人负责。他必须控制和负责各个构件单元的变更或者版本之间的替换。

接着，就像前面所讨论的，必须存在系统的受控备份：一个是供构件单元测试使用的最终锁定版本；另一个是测试版本的备份，用来进行缺陷的修复；还有一个开发库，其他人员可以在该备份上进行各自的程序开发工作，例如修复和扩展自己的模块和子系统等。

在System/360工程模型中，在一大堆常规的黄颜色电线中，常常可以不经意地看到紫色的电线束。发现bug以后，我们会做两件事情：设计快速修复电路，并安装到系统中，使得不会妨碍测试的继续进行。这些更改过的接线使用紫色电线，看上去就像一个受了伤的大拇指。我们需要把更改记录到日志中，同时，还要准备一份正式的变更文档，并启动设计自动化流程。最后，电路图或者黄色线路中会实现该设计的调整——更新相应的电路图和接线表，以及开发一个新的电路板。现在，物理模型和电路图重新吻合了，紫色的线束也就不再需要了。

软件开发也需要用到“紫色线束”的手法。对于最后成为产品的程序代码，它更迫切地需要进行严密控制和深层次的关注。上述技巧的关键因素是对变更和差异的记载，即在一个日志中记录所有的变更。与在源代码中显著标记快速补丁相比，正式修改是完备并经过测试的，而且需要文档化。

一次添加一个构件。这样做的好处同样是显而易见的，但是乐观主义和惰性常常诱使我们破坏这个规则。因为离散构件的添加需要调试伪程序和其他测试平台，有很多工作要做，毕竟，可能我们不需要这些额外工作？可能不会出现什么bug？

不！拒绝诱惑！这正是系统化系统测试所关注的地方。我们必须假设系统中存在许多错误，并需要计划一个有序的过程把它们找出来。

注意，必须拥有完整的测试用例，在添加了每一个新构件之后，都要用它们来测试子系统。因为那些原来可以在子系统上成功运行的用例必须在现有系统上重新运行，对系统进行回归测试。

阶段(量子)化、定期变更。随着项目的推进，系统构件的开发者会带着他们工作的最新版本 更快、更小、更完整，或者公认的、bug更少的版本不时地出现在我们面前。将使用中的构件替换成新版本仍然需要进行和构件添加一样的系统化测试流程。这个时候通常已经具备了更完整、更有效的测试用例，因此测试时间往往会减少很多。

项目中，其他开发团队会使用经过测试的最新集成系统作为调试自己程序的平台。测试平台的修改会阻碍他们的工作。当然，这是必须的。但是，变更必须被阶段化，并且定期发布。这样，每个用户拥有稳定的生产周期，其中穿插着测试平台的改变。这种方法比持续波动所造成的混乱无序要好一些。

Lehman和Belady提供了证据，阶段(量子)要么很大、间隔很宽，要么小而频繁。[14]根据他们的模型，小而频繁的阶段很容易变得不稳定，我的经验同样证实了这一点——我绝不会在实践中冒险采用后一种策略。

阶段(量子)化变更方法非常优美地容纳了紫色线束技术：直到下一次系统构件的定期发布之前都一直使用快速补丁；而在当前的发布中，其把已经通过测试并进行了文档化的修补措施整合到了系统平台中。

第14章

祸起萧墙

带来坏消息的人不受欢迎。

——索福克勒斯

项目怎么会被延迟了整整一年的时间？

……延迟的时间是一天天积累下来的。

A. 卡诺瓦1802年的雕塑作品《赫拉克勒斯与利喀斯》(*Ercole e Lica*)

注：雕塑讲述的是希腊神话中大力神赫拉克勒斯把在不知情的情况下带来抹上毒血的衣服的侍从利喀斯扔进了大海。

资料来源：Scala/Art Resource, NY

当人们听到某个项目的进度发生了灾难性偏离时，可能会认为项目一定遭受了一系列重大灾难。然而，通常灾祸来自白蚁的肆虐，而不是龙卷风的侵袭。同样，项目进度经常以一种难以察觉，但是残酷无情的方式慢慢落后。实际上，重大灾害是比较容易处理的，它往往和重大的压力、彻底的重组、新技术的出现有关，整个项目组通常可以应付自如。

但是每天的进度落后是难以识别、不容易防范和难以弥补的。昨天，某个关键人员生病了，无法召开某个会议。今天，由于闪电击坏了大厦的供电变压器，所有机器无法启动。明天，因为工厂磁盘供货延迟了一周，磁盘例行的测试无法进行。下雪、应急任务、私人问题、同顾客的紧急会议、管理人员检查——这个列表可以不断地延长。每件事情都只会将某项活动延迟半天或者一天，但是整个进度开始落后了，尽管每次只有一点点。

⑧ 是里程碑还是沉重的负担

如何根据一个严格的进度表来控制大型项目？第一步是制定进度表。进度表上的每一件事被称为“里程碑”，它们都有一个计划完成日期。确定日期是一个估计技术上的问题，在前面已经讨论过，它在很大程度上依赖以往的经验。

里程碑的选择只有一个原则，那就是里程碑必须是具体的、特定的、可度量的事件，能够进行清晰定义。以下是一些反面的例子，例如编码，在代码编写时间刚到一半的时候就已经“90%完成”了；调试在大多时候都是“99%完成”的；“计划完毕”是任何人只要愿意，就可以声明的事件。[1]

然而，具体的里程碑是百分之百的事件，例如“架构师和实现人员签字认可的规格说明”“100%源代码编制完成，纸带打孔完成并输入磁盘库”“测试版通过了所有的测试用例”。这些切实的里程碑澄清了那些划分得比较模糊的阶段——计划、编码和调试。

里程碑边界明显并且没有歧义，比容易被老板核实更为重要。如果里程碑定义得非常明确，无法自欺欺人时，很少有人会就里程碑的进展弄虚作假。但是如果里程碑很模糊，老板就常常会得到一份与实际情况不符的报告。毕竟，没有人愿意承受坏消息。这种做法只是为了起到缓和的作用，并没有任何蓄意的欺骗。

对于大型开发项目中的估计行为，政府的承包商做了两项有趣的研究，以下是研究结果。

(1) 如果在某项活动开始之前就着手估计，并且每两周进行一次仔细的修订。这样，随着开始时间的临近，无论最后情况会变得如何糟糕，它都不会有太大的变化。

(2) 活动期间，对时间的过高估计会随着活动的进行持续而下降。

(3) 对时间的过低估计在活动中不会有太大变化，一直到计划的结束日期之前三周左右。[2]

好的里程碑对团队来说实际上是一项可以用来向项目经理提出合理要求的服务，而模糊的里程碑是难以处理的负担。当里程碑没有正确反映损失的时间，并对人们形成误导，以致事态无法挽回的时候，它会彻底打击小组的士气。慢性进度偏离同样也是士气杀手。

“其他的部分反正会落后”

进度落后了一天，那又怎么样呢？谁会关心一天的滞后？我们可以跟上进度。何况，和我们有关的其他部分已经落后了。

棒球队队长知道，进取是很多优秀队员和团队不可缺少的心理素质。它表现为“比要求的跑得更快”，“比要求的移动得更加迅速”，“更加努力尝试”。对软件开发队伍来说，进取同样是非常必要的。进取提供了缓冲和储备，使开发队伍能够处理常规的事故，可以预测和防止小的事故。而对任务进行计算和对工作量进行度量，会对进度超前造成一些消极的影响。如同我们看到的，必须关心每一天的滞后，它们是大事故的基本组成元素。

并不是每一天的滞后都等于灾难。尽管会如上文所述，事先估计会给工作进度的超前带来影响，但对活动的一些计算和考虑还是必要的。那么，如何判断哪些偏离是关键的呢？只有采用PERT或者关键路径技术才能判断。它能显示谁需要什么东西，谁位于关键路径上，在哪里发生滞后会影响最终的完成日期。另外，它还指出一个任务在成为关键路径以前，可以落后的时间。

严格地说，PERT技术是关键路径计划的细化。如果使用PERT图，它需要对每个事件估计3次，每次对应满足估计日期的不同可能性。我觉得不值得为这样的精化发生额外的工作量，但为了方便，我把任何关键路径法都称为PERT图。

PERT的准备工作是PERT图使用中最有价值的部分，包括整个网状结构的展开、任务之间依赖关系的识别和各个任务链的估计，这些都要求在项目早期进行非常专业的计划。第一份PERT图总是很恐怖，不过人们总是不断地努力，运用才智制定下一份PERT图。

随着项目的推进，PERT图为“其他的部分反正会落后”提供了答案。它展示某人为了使自己的工作远离关键路径，需要超前多少，也建议了补偿其他部分失去的时间的方法。

Ⓢ 地毯的下面

当一线经理发现自己的队伍出现了计划偏离时，他肯定不会马上赶到老板那里去汇报这个令人沮丧的消息。团队可以弥补进度偏差，他应该可以想出应对方法或者重新安排进度以解决问题，为什么要去麻烦老板呢？从这个角度来看，好像还不错。解决这类问题的确是一线经理的职责。老板已经有很多需要处理的真正的烦心事了，他不想被更多的问题打扰。因此，所有的污垢都被隐藏在地毯之下。

但是每个老板都需要两种信息：需要采取行动计划的问题和用来进行分析的状态数据。[3]出于这个目的，他需要了解所有开发队伍的情况，但得到真相是很困难的。

项目经理的利益和老板的利益在这里是存在内在冲突的。项目经理担心如果汇报了问题，老板会采取行动，这些行动会降低经理的作用和威信，搞乱其他计划。所以，只要项目经理认为自己可以独立解决问题，他就不会告诉老板。

有两种掀开毯子把污垢展现在老板面前的方法，它们必须都被采用：一种是减少角色冲突和鼓励状态共享，另一种是猛地拉开地毯。

减少角色的冲突和鼓励状态共享。首先老板必须区别行动信息和状态信息。他必须规范自己，不对项目经理可以解决的问题做出反应，并且绝不在检查状态报告的时候做安排。我曾经认识一个老板，他总是在状态报告的第一个段落结束之前，拿起电话发号施令。这样的做法肯定会压制信息的完全公开。

不过，当项目经理了解到老板收到状态报告之后不会惊慌，或者不会越俎代庖时，他会逐渐提交真实的结果。

如果老板把会见、评审、会议明显标记为状态检查(status-review)和“问题-行动”(problem-action)会议，并且相应控制自己的行为，这对整个过程会很有帮助。当然，事态发展到无法控制时，状态检查会议会演变成“问题-行动”会议。不过，至少每个人知道“当时游戏的分数是多少”，老板在接过“皮球”之前也会三思。

猛地拉开地毯。不论协作与否，拥有能了解状态真相的评审机制是必要的。PERT图以及频繁、明确的里程碑是这种评审的基础。大型项目中，可能需要每周对某些部分进行评审，一个月左右进行一次整体评审。

有报告显示，关键的文档是里程碑和实际的完成情况。图14-1是上述报告中的一段摘录。它显示了一些问题：某些部分的规格核准延迟了。手册(SLR)的批准时间有所延迟，其中一个的批准时间比独立产品测试(Alpha)的开始时间还要迟。这样一份报告将作为2月1日的会议议程，使得每个人都知道问题的所在，而产品构件经理应该准备说明延迟的原因、什么时候结束、采取的步骤，以及所需要的任何帮助——老板提供的或者其他小组间接提供的。

SYSTEM/360 SUMMARY STATUS REPORT
OS/360 LANGUAGE PROCESSORS + SERVICE PROGRAMS
AS OF FEBRUARY 01,1965

A=APPROVAL
C=COMPLETED

*=REVISED PLANNED DATE
NE=NOT ESTABLISHED

PROJECT	LOCATION	COMMITMNT ANNOUNCE RELEASE	OBJECTIVE AVAILABLE APPROVED	SPECS AVAILABLE APPROVED	SRL AVAILABLE APPROVED	ALPHA TEST ENTRY EXIT	COMP TEST START COMPLETE	SYS TEST START COMPLETE	BULLETIN AVAILABLE APPROVED	BETA TEST ENTRY EXIT
OPERATING SYSTEM										
12K DESIGN LEVEL (E)										
ASSEMBLY	SAN JOSE	04/--/4 C 12/31/5	10/28/4 C	10/13/4 C 01/11/5	11/13/4 C 11/18/4 A	01/15/5 C 02/22/5				09/01/5 11/30/5
FORTRAN	POK	04/--/4 C 12/31/5	10/28/4 C	10/21/4 C 01/22/5	12/17/4 C 12/19/4 A	01/15/5 C 02/22/5				09/01/5 11/30/5
COBOL	ENDICOTT	04/--/4 C 12/31/5	10/28/4 C	10/15/4 C 01/20/5 A	11/17/4 C 12/08/4 A	01/15/5 C 02/22/5				09/01/5 11/30/5
RPG	SAN JOSE	04/--/4 C 12/31/5	10/28/4 C	09/30/4 C 01/05/5 A	12/02/4 C 01/18/5 A	01/15/5 C 02/22/5				09/01/5 11/30/5
UTILITIES	TIME/LIFE	04/--/4 C 12/31/5	06/24/4 C		11/20/4 C 11/30/4 A					09/01/5 11/30/5
SORT 1	POK	04/--/4 C 12/31/5	10/28/4 C	10/19/4 C 01/11/5	11/12/4 C 11/30/4 A	01/15/5 C 03/22/5				09/01/5 11/30/5
SORT 2	POK	04/--/4 C 06/30/6	10/28/4 C	10/19/4 C 01/11/5	11/12/4 C 11/30/4 A	01/15/5 C 03/22/5				03/01/6 05/30/6
44K DESIGN LEVEL (F)										
ASSEMBLY	SAN JOSE	04/--/4 C 12/31/5	10/28/4 C	10/13/4 C 01/11/5	11/13/4 C 11/18/4 A	02/15/5 03/22/5				09/01/5 11/30/5
COBOL	TIME/LIFE	04/--/4 C 06/30/6	10/28/4 C	10/15/4 C 01/20/5 A	11/17/4 C 12/08/4 A	02/15/5 03/22/5				03/01/6 05/30/6
NPL	HURSLEY	04/--/4 C 03/31/6	10/28/4 C							
2250	KINGSTON	03/30/4 C 03/31/6	11/05/4 C	12/08/4 C 01/04/5	01/12/5 C 01/29/5	01/04/5 C 01/29/5				01/03/6 NE
2280	KINGSTON	06/30/4 C 09/30/6	11/05/4 C			04/01/5 04/30/5				01/28/6 NE
200K DESIGN LEVEL (H)										
ASSEMBLY	TIME/LIFE		10/28/4 C							
FORTRAN	POK	04/--/4 C 06/30/6	10/28/4 C	10/16/4 C 01/11/5	11/11/4 C 12/10/4 A	02/15/5 03/22/5				03/01/6 05/30/6
NPL	HURSLEY	04/--/4 C 03/31/7	10/28/4 C			07/--/5				01/--/7
NPL H	POK	04/--/4 C	03/30/4 C			02/01/5 04/01/5				10/15/5 12/15/5

图14-1　报告摘录

贝尔电话实验室的V. Vyssotsky添加了以下观察意见：

> 我发现里程碑报告中很容易记录“计划”和“估计”的日期。计划日期是项目经理的工作产物，代表了协调后的项目整体工作计划，它是合理计划确定之前的判断。估计日期是基层经理的工作产物，基层经理对所讨论的工作有着深刻的了解，估计日期代表了在现有资源和已得到了作为先决条件的必要输入(或得到了相应的承诺)的情况下，基层经理对实际实现日期的最佳判断。项目经理必须停止对这些日期的怀疑，将重点放在使其更加精确上，以便得到没有偏见的估计，而不是那些合乎心意的乐观估计或者自我保护的保守估计。一旦它们在每个人的脑海中形成了清晰的印象，项目经理就可以预见将来如果他在哪些地方不采取任何措施，就会出现问题。[4]

进行PERT图的准备工作是老板和要向他进行汇报的经理们的职责。需要一个小组(1～3人)来关注它的更新、修订和报告，可以将这个小组看作老板的延伸。对于大型项目，这种计划和控制(plan and control)小组的价值是非常可贵的。小组的职权仅限于向产品线经理询问他们什么时候设定或更改里程碑，以及是否达到了里程碑。计划和控制小组处理所有的文字工作，因此产品线经理的负担将会减到最少——仅仅需要做出决策。

我们拥有一个富有热情的、老练的、熟练的计划和控制小组。这个小组由A. M. Pietrasanta负责，他在设计有效的、谦逊的控制方法方面有极高的创造天赋。结果，我发现他的小组被广为尊重，而不仅仅是被容忍。对于这样一个本来就十分敏感的角色，这的确是一个成功。

对计划和控制职能进行适度的技术人力投资是非常值得赞赏的。它在项目的贡献方式和直接开发软件产品方面差异较大。计划和控制小组作为监督人员，明确地指出了不易察觉的延迟，并强调关键的因素。他们是早期的预警系统，防止项目以一次一天的方式落后一年。

第 15 章
另外一面

不了解，就无法真正拥有。

——歌德

噢，赐予我朴素的评论者吧，他们不会因过于深奥而让人困惑不解。

——克雷布

世界上最大的计算机——史前巨石阵的复原景象

资料来源：The Bettman Archive

计算机程序是从人传递到机器的一些信息。为了将人的意图清晰地传达给不会说话的机器，程序采用了严格的语法和严谨的定义。

但是书面的计算机程序还有其他的方式向用户诉说自己的“故事”。即使是完全开发给自己使用的程序，这种沟通仍然是必要的。因为记忆衰退的规律会使用户(也是作者)失去对程序的了解，于是他不得不重新回忆自己劳动的各个细节。

公共应用程序的用户在时间和空间上都远离它们的作者，因此对这类程序，文档的重要性更是不言而喻。对软件编程产品来说，程序向用户所呈现的和提供给机器识别的内容同样重要。

面对那些文档“简约”的程序，我们中的大多数人都不免曾经暗骂那些远在他方的匿名作者。因此，一些人试图向新人慢慢地灌输文档的重要性，旨在延长软件的生命期，克服惰性和进度的压力。但是，很多次尝试都失败了，我想很可能是由于我们使用了错误的方法。

Thomas J. Watson讲述了他年轻时在纽约州的北部刚开始做收银机推销员的经历。他带着一马车的收银机，满怀热情地动身了。他工作得非常勤奋，但是没有卖出去一台收银机。他很沮丧地向经理汇报了情况，销售经理听了一会儿，说道：“帮我抬一些机器到马车上，收紧缰绳，出发！”他们成功了。在接下来的客户拜访过程中，经理身体力行，向他演示了如何出售收银机。事实证明，这个方法是可行的。

多年来，我曾经非常勤奋地给我的软件工程师们举办了关于文档必要性以及优秀文档所应具备的特点方面的讲座，向他们讲述，甚至是热诚地向他们灌输以上的观点。不过，这些都行不通。我想他们知道如何正确地编写文档，却缺乏工作的热情。后来，我尝试了向马车上搬一些收银机，以此演示如何完成这项工作。结果发现，这种方法的效果要好得多。所以，文章剩余部分将对那些说教之辞一笔带过，而把重点放在“如何做”(才能产生一篇优秀的文档)上。

Ⓢ 需要什么文档

不同用户需要不同级别的文档。某些用户仅仅偶尔使用程序，有些用户必须依赖程序，还有一些用户必须根据环境和目的的变动对程序进行修改。

使用程序。每个用户都需要一段对程序进行描述的文字。可是大多数文档只提供了很少的总结性内容，无法达到用户要求，就像描绘了树木，形容了树皮和树叶，但却没有一幅森林的图案。为了得到一份有用的文字描述，必须放慢脚步，稳妥地进行。

(1) **目的**。主要的功能是什么？开发程序的原因是什么？

(2) **环境**。程序在什么机器、硬件配置和操作系统上运行？

(3) **范围**。输入的有效范围是什么？允许显示的合法输出范围是什么？

(4) **实现功能和使用的算法**。精确地阐述它做了什么。

(5) **“输入—输出”格式**。必须是确切和完整的。

(6) **操作指令**。包括控制台及输出内容中正常和异常结束的行为。

(7) **选项**。用户的功能选项有哪些？如何在选项之间进行选择？

(8) **运行时间**。在指定的配置下，解决特定规模问题所需要的时间？

(9) **精度和校验**。期望结果达到怎样的精确程度？如何进行精度的检测？

一般来说，三四页纸就可以容纳以上所有的信息。不过往往需要特别注意的是表达的简洁和精确。由于它包含了和软件相关的基本决策，所以这份文档的绝大部分需要在程序编制之前书写。

验证程序。除了程序的使用方法，还必须附带一些程序正确运行的证明，即测试用例。

每一份发布的程序备份应该包括一些可以例行运行的小测试用例，为用户提供信心——他拥有了一份可信赖的备份，并且正确地安装到了机器上。

然后，需要得到更加全面的测试用例，在程序修改之后，进行常规运行。这些用例可以根据输入数据的范围划分成三部分。

(1) 针对遇到的大多数常规数据对程序主要功能进行测试的用例。它们是测试用例的主要组成部分。

(2) 数量相对较少的合法数据测试用例，对输入数据范围边界进行检查，确保最大可能值、最小可能值和其他有效特殊数据可以正常工作。

(3) 数量相对较少的非法数据测试用例，在边界外检查数据范围边界，确保无效的输入能有正确的数据诊断提示。

修改程序。调整程序或者修复程序需要相当多的信息。显然，这要求了解全部的细节，并且这些细节已经记录在注释良好的列表中。与一般用户一样，修改者迫切需要一份清晰、明了的概述，不过这一次是关于系统的内部结构。那么这份概述的组成部分是什么呢？

(1) 流程图或子系统的结构图，下文对此有更详细的论述。

(2) 对所用算法的完整描述，或者类似算法的参考资料。

(3) 对所有文件规划的解释。

(4) 数据流处理的概要描述——从磁盘或者磁带中，获取数据或程序处理的序列——以及在每个处理过程中完成的操作。

(5) 初始设计中，对已预见修改的讨论；特性、功能回调及出口的位置；原作者对可能会修改的地方及可能处理方案的一些意见。另外，对隐藏缺陷的观察也同样很有价值。

Ⓢ 流程图

流程图是被吹捧得最过分的一种程序文档。事实上，很多程序甚至不需要流程图，很少有程序需要一页纸以上的流程图。

流程图显示了程序的流程判断结构，它仅仅是程序结构的一个方面。当流程图绘制在一张图上时，它能一目了然地显示程序的判断流向，但当它被分成几张时，也就是说需要采用经过编号的出口和连接符来进行拼装时，整体结构的概观就被严重地破坏了。

因此，一页纸的流程图就成为表达程序结构、阶段或步骤的一种非常基本的图示。同样，它也非常容易绘制。图15-1展示了一个子程序流程图示例。

当然，上述流程图既没有，也不需要遵循精心制定的ANSI流程图标准。所有图形元素如方框、连线、编号等，只需要能帮助理解这张详细的流程图就可以了。

因此，逐一记录的详细流程图过时而且令人生厌，它只适合启蒙初学者的算法思维。当Goldstine和Von Neumann[1]引入这种方法时，框图和框图中的内容作为一种高级语言，将难以理解的机器语言组合成一连串可理解的步骤。如同Iverson早期所认识到的[2]，在系统化的高级语言中，分组已经完成，每一个方框相应地包含了一条语句(见图15-2)。从而，方框本身变成了一件单调乏味的重复练习，可以去掉它们。这时，剩下的就只有箭头了。而连接相邻后续语句的箭头也是冗余的，可以擦掉它们。现在，留下的只有GO TO跳转。如果大家遵守良好的规则，使用块结构来消除GO TO语句，则所有的箭头就都消失了，尽管这些箭头能在很大程度上帮助理解。大家完全可以丢掉流程图，使用文字列表来表达这些内容。

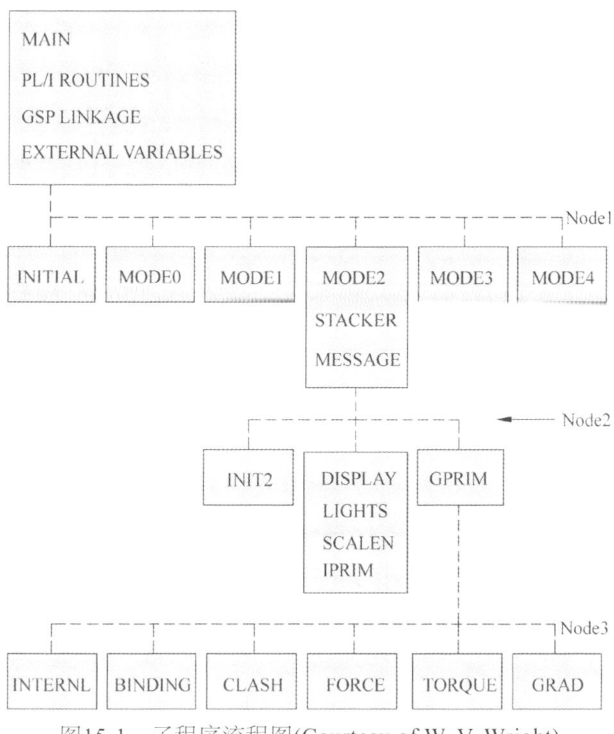

图15-1 子程序流程图(Courtesy of W. V. Wright)

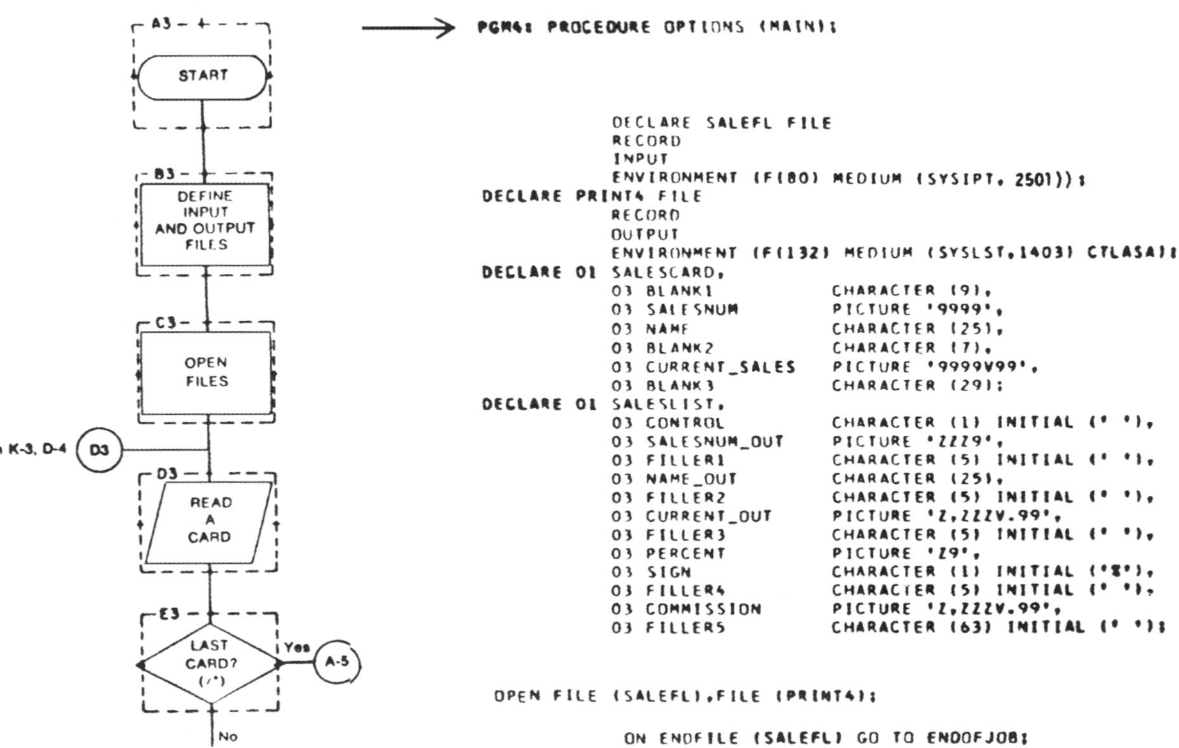


```
PGM4: PROCEDURE OPTIONS (MAIN);

          DECLARE SALEFL FILE
          RECORD
          INPUT
          ENVIRONMENT (F(80) MEDIUM (SYSIPT, 2501));
DECLARE PRINT4 FILE
          RECORD
          OUTPUT
          ENVIRONMENT (F(132) MEDIUM (SYSLST,1403) CTLASA);
DECLARE 01 SALESCARD,
          03 BLANK1            CHARACTER (9),
          03 SALESNUM          PICTURE '9999',
          03 NAME              CHARACTER (25),
          03 BLANK2            CHARACTER (7),
          03 CURRENT_SALES     PICTURE '9999V99',
          03 BLANK3            CHARACTER (29);
DECLARE 01 SALESLIST,
          03 CONTROL           CHARACTER (1) INITIAL (' '),
          03 SALESNUM_OUT      PICTURE 'ZZZ9',
          03 FILLER1           CHARACTER (5) INITIAL (' '),
          03 NAME_OUT          CHARACTER (25),
          03 FILLER2           CHARACTER (5) INITIAL (' '),
          03 CURRENT_OUT       PICTURE 'Z,ZZZV.99',
          03 FILLER3           CHARACTER (5) INITIAL (' '),
          03 PERCENT           PICTURE 'Z9',
          03 SIGN              CHARACTER (1) INITIAL ('%'),
          03 FILLER4           CHARACTER (5) INITIAL (' '),
          03 COMMISSION        PICTURE 'Z,ZZZV.99',
          03 FILLER5           CHARACTER (63) INITIAL (' ');

 OPEN FILE (SALEFL),FILE (PRINT4);

          ON ENDFILE (SALEFL) GO TO ENDOFJOB;
```

(a)

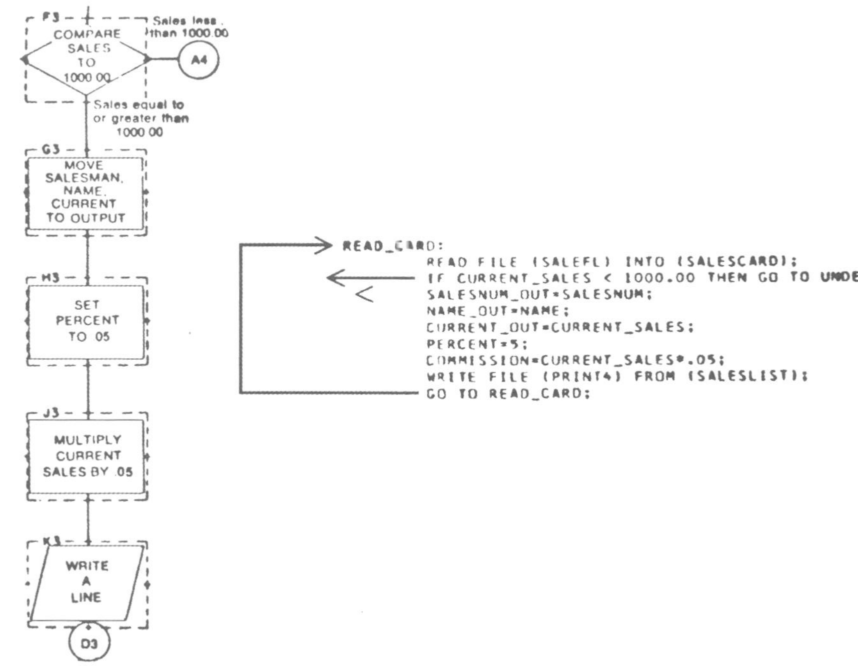

(b)

图15-2　流程图和对应程序的对比

资料来源：Abridged and adapted from Figs. 15-41, 15-44, in *Data Processing and Computer Programming: A Modular Approach* by Thomas J. Cashman and William J. Keys (Harper & Row, 1971)

现实中，流程图被鼓吹的程度远大于它们的实际作用。我从来没有看到过一个有经验的编程人员，在开始编写程序之前，会例行公事地绘制详尽的流程图。在一些要求绘制流程图的组织中，流程图总是事后才补上的。一些公司则很自豪地使用工具软件，从代码中生成这个“不可缺少的设计工具”。我认为这种普遍经验并不是令人尴尬和惋惜的、对良好实践的偏离(似乎大家只能对它露出窘迫的微笑)；相反，它是对技术的良好评判，向我们传授了一些流程图用途方面的知识。

耶稣门徒彼得谈到新的异教皈依者和犹太戒律时说：“为什么让他们背负我们的祖先和我们自己都不能承担的重负呢？”(《使徒行传》 15：10 ，现代英文版本)。对于新的编程人员和陈旧的流程图方法，我持有相同的观点。

Ⓢ 自文档化的程序

数据处理的基本原理告诉我们，试图努力维持不同文件之间的同步关系，是一件非常费力不讨好的事情。更合理的方法是：每个数据项包含两个文件都需要的所有信息，采用指定的键值来区别，并把它们组合到一个文件中。

不过，我们在程序文档编制的实践中却违反了自己的原则。典型地，我们试图维护一份机器可读的程序，以及一系列包含记叙性文字和流程图的人类可读性文档。

结果和我们自己的认识相吻合，不同文件的数据保存带来了不良的后果。程序文档质量声名狼藉，文档的维护更是差劲：程序变动总是不能及时、精确地反映在文档中。

我认为相应的解决方案是“合并文件”，即把文档整合到源程序。这对正确维护是直接、有力的推动，保证编程用户能方便、及时地得到文档资料。这种程序被称为自文档化(self-documenting)。

现在看来，在程序中包括流程图显然是一种笨拙(但不是不可以)的做法。考虑到流程图方法的落后和高级语言的使用占统治地位，把程序和文档放在一起显然是很合理的。

把源程序作为文档介质，强制推行了一些约束。另外，对于文档读者而言，一行一行的源程序本身就可以再次利用，使新技术的使用成为可能。现在，已经到了为程序文档设计一套彻底的新方法的时候了。

文档是我们和前人都不曾成功背负的重担。作为基本目标，我们必须试图把它的负担降到最小。

方法。第一个方法是借助那些出于语言的要求而必须存在的语句，来附加尽可能多的“文档”信息。因此，标签、声明语句和符号名称均可以作为工具，用来向读者表达尽可能多的意思。

第二个方法是尽可能地使用空格和一致的格式提高程序的可读性，表现从属和嵌套关系。

第三个方法是以段落注释的形式，向程序中插入必要的记叙性文字。大多数文档一般包括足够多的逐行注释，特别是那些满足公司呆板的“良好文档”规范的程序，通常包含了过多的注释。即使是这些程序，在段落注释方面也常常是不够的，而段落注释能提供总体把握和真正加深读者对整件事情的理解。

因为文档是通过程序结构、命名和格式来实现的，所有这些必须在第一次书写代码时完成。不过，这也只是应该完成的时间。另外，由于自文档化的方法减少了很多附加工作，使这件工作遇到的障碍会更少。

一些技巧。图15-3所示是一段自文档化的PL/I程序。[3]圆圈中的数字不是程序的组成部分，而是用来帮助我们进行讨论的。

```
① //QLT4 JOB ...

② QLTSRT7: PROCEDURE (V);

   /*************************************************************************/
③  /*A SORT SUBROUTINE FOR 2500 6-BYTE FIELDS, PASSED AS THE VECTOR V.  A    */
   /*SEPARATELY COMPILED, NOT-MAIN PROCEDURE, WHICH MUST USE AUTOMATIC CORE   */
   /*ALLOCATION.                                                              */
   /*                                                                         */
④  /*THE SORT ALGORITHM FOLLOWS BROOKS AND IVERSON, AUTOMATIC DATA PROCESSING,*/
   /*PROGRAM 7.23, P. 350.  THAT ALGORITHM IS REVISED AS FOLLOWS:             */
⑤  /*  STEPS 2-12 ARE SIMPLIFIED FOR M=2.                                     */
   /*  STEP 18 IS EXPANDED TO HANDLE EXPLICIT INDEXING OF THE OUTPUT VECTOR.  */
   /*  THE WHOLE FIELD IS USED AS THE SORT KEY.                               */
   /*  MINUS INFINITY IS REPRESENTED BY ZEROS.                                */
   /*  PLUS INFINITY IS REPRESENTED BY ONES.                                  */
   /*  THE STATEMENT NUMBERS IN PROG. 7.23 ARE REFLECTED IN THE STATEMENT     */
   /*    LABELS OF THIS PROGRAM.                                              */
   /*  AN IF-THEN-ELSE CONSTRUCTION REQUIRES REPETITION OF A FEW LINES.       */
   /*                                                                         */
   /*TO CHANGE THE DIMENSION OF THE VECTOR TO BE SORTED, ALWAYS CHANGE THE    */
   /*INITIALIZATION OF T.  IF THE SIZE EXCEEDS 4096, CHANGE THE SIZE OF T,TOO.*/
   /*A MORE GENERAL VERSION WOULD PARAMETERIZE THE DIMENSION OF V.            */
   /*                                                                         */
   /*THE PASSED INPUT VECTOR IS REPLACED BY THE REORDERED OUTPUT VECTOR.      */
   /*************************************************************************/

⑥ /* LEGEND  (ZERO-ORIGIN INDEXING)                                            */

  DECLARE
    (H,                      /*INDEX FOR INITIALIZING T                          */
     I,                      /*INDEX OF ITEM TO BE REPLACED                      */
     J,                      /*INITIAL INDEX OF BRANCHES FROM NODE I             */
     K) BINARY FIXED,        /*INDEX IN OUTPUT VECTOR                            */

    (MINF,                   /*MINUS INFINITY                                    */
     PINF) BIT (48),         /*PLUS INFINITY                                     */

     V (*)    BIT (*),       /*PASSED VECTOR TO BE SORTED AND RETURNED           */

     T (0:8190) BIT (48);    /*WORKSPACE CONSISTING OF VECTOR TO BE SORTED, FILLED*/
                             /*OUT WITH INFINITIES, PRECEDED BY LOWER LEVELS      */
                             /*FILLED UP WITH MINUS INFINITIES                    */

  /* NOW INITIALIZATION TO FILL DUMMY LEVELS, TOP LEVEL, AND UNUSED PART OF TOP*/
  /* LEVEL AS REQUIRED.                                                        */

⑦ INIT: MINF= (48) '0'B;
        PINF= (48) '1'B;

       DO L=    0 TO 4094;  T(L) = MINF;         END;
       DO L=    0 TO 2499;  T(L+4095) = V(L);    END;
       DO L=6595 TO 8190;   T(L) = PINF;         END;

⑧ K0:   K = -1;                                                    ⑩
  K1:   I = 0;                 /*             ⑪                   <-------|  */
  K3:   J = 2*I+1;             /*SET J TO SCAN BRANCHES FROM NODE I.   <------||  */
  K7:   IF T(J) <= T(J+1)      /*PICK SMALLER BRANCH                     >    ||  */
          THEN          ⑫     /*                                      ------|||  */
        ⑨ DO;                  /*                                           |||  */
  K11:        T(I) = T(J);     /*REPLACE                                    |||  */
  K13:        IF T(I) = PINF THEN GO TO K16; /*IF INFINITY, REPLACEMENT_+∞__|||  */
                               /* IS FINISHED                              ||||  */
  K12:        I = J;           /*SET INDEX FOR HIGHER LEVEL                ||||  */
            END;               /*                                          ||||  */
          ELSE                 /*                                   <---+-||  */
            DO;                /*                                       | ||  */
  K11A:       T(I) = T(J+1);   /*                                       | ||  */
  K13A:       IF T(I) = PINF THEN GO TO K16;      /*                 +∞ | ||  */
  K12A:       I = J+1;         /*                                   ----| ||  */
            END;               /*                                       | ||  */
  K14:  IF 2*I < 8191 THEN GO TO K3;   /*GO BACK IF NOT ON TOP LEVEL  <  ----+-||  */
  K15:  T(I) = PINF;           /*IF TOP LEVEL, FILL WITH INFINITY       |   |  */
  K16:  IF T(0) = PINF THEN RETURN;    /*TEST END OF SORT          <---|   |  */
  K17:  IF T(0) = MINF THEN GO TO K1;  /*FLUSH OUT INITIAL DUMMIES  -∞      |  */
  K18:  K = K+1;                       /*STEP STORAGE INDEX        --------|  */
      V(K) = T(0);  GO TO K1; ⑫        /*STORE OUTPUT ITEM          --------|  */
  END QLTSRT7;
```

图15-3　一段自文档化的PL/I程序

① 为每次运行使用单独的任务名称。维护一份日志，记录程序运行的目的、时间和结果。如果名称由一个助记符(这里是QLT)和数字后缀(这里是4)组成，那么后缀可以作为运行编号，把列表和日志联系在一起。这种技术要求为每次运行准备新的任务卡，不过这项工作可以采用“重复进行公共信息的批处理”来完成。

② 使用包含版本号和能帮助记忆的程序名称，即假设程序将会有很多版本。例子中使用的是1967年的最低位数字。

③ 在过程(PROCEDURE)的注释中，包含记叙性的描述文字。

④ 尽可能地为基本算法提供参考引用，通常它会指向更完备的处理方法。这样，既节省了空间，还允许那些有经验的读者非常自信地略过这一段内容。

⑤ 显示和算法书籍中的传统算法的关系：更改、定制细化、重新表达。

⑥ 声明所有的变量。采用助记符，并使用注释把DECLARE转化成完整的说明。注意，声明已经包含了名称和结构性描述，需要增加的仅仅是对目的的解释。通过这种方式，可以避免在不同的处理中重复名称和结构性的描述。

⑦ 用标签标记出初始化的位置。

⑧ 对程序语句进行分组和标记，以显示与算法描述文档中语句单元的一致性。

⑨ 利用缩进表现结构和分组。

⑩ 在程序列表中，手工添加逻辑箭头。它们对调试和变更非常有帮助，还可以补充在页面右边的空白处(注释区域)，成为机器可读文字的一部分。

⑪ 使用行注释或标记任何不很清楚的事情。如果采用了上述技术，那么注释的长度和数量都将小于传统惯例。

⑫ 把多条语句放置在一行，或者把一条语句拆放在若干行，以吻合逻辑思维，体现和其他算法描述一致。

为什么不？这种方法的缺点是什么？很多曾经遇到的问题，已经随着技术的进步逐渐解决了。

最强烈的反对来自必须存储的源代码规模的增加。随着编程技术越来越向在线源代码存储的方向发展，这成了一个主要的考虑因素。我发现自己编写的APL程序注释比PL/I程序要少，这是因为APL程序保存在磁盘上，而PL/I则以卡片的形式存储。

然而，文本编辑的访问和更新也在向在线存储的方向前进。就像前面讨论过的，程序和文字的混合使用减少了需要存储的字符总数。

对于自文档化程序需要更多输入击键的争论，也有类似的答案。采用打字方式，每份草稿、每个字符需要至少一次击键。而自文档化程序的字符总数更少，且由于电子草稿不需要重复打印，每个字符需要的击键次数也更少。

那么流程图和结构图的情况又如何呢？如果仅仅使用最高级别的结构图，另外使用一份文档的方法可能更安全一些，因为结构通常不会频繁变化。它理所当然也可以作为注释合并到源程序中。这显然是一种聪明的做法。

以上讨论的用于文档和软件汇编的方法到底有多大的应用范围呢？我认为“自文档化”方法的基本思想可以得到大规模的应用。“自文档化”方法对空间和格式的要求更为严格，这一点的应用可能会受限；而命名和结构化声明显然可以利用起来，在这方面，宏可以起到很大的帮助。另外，段落注释的广泛使用在任何语言中都是一个很棒的实践。

高级语言的使用激发了自文档化方法，特别是用于在线系统的高级语言——无论是针对批处理还是针对交互式，它都表现出最强的功效和应用的理由。如同我曾经提到的，上述语言和系统强有力地帮助了编程人员。因为是机器为人服务的，而不是人为机器服务的。因此从各个方面来说，无论是从经济上还是从以人为本的角度来说，它们的应用都是非常合情合理的。

第 16 章

没有银弹
——软件工程中的根本和次要问题

在未来的十年内，无论是在技术上还是在管理方法上，都看不出有任何突破性的进步，能够保证在十年内大幅度地提高软件的生产率、可靠性和简洁性。

1685年的德国线雕画《艾森巴赫的狼人》(*The Werewolf of Eschenbach*)

资料来源：Courtesy of The Grainger Collection, New York

摘要[1]

所有软件活动包括：根本任务，即打造构成抽象软件实体的复杂概念结构；次要任务，即使用编程语言表达这些抽象实体，在空间和时间限制下将它们映射成机器语言。软件生产率在近年来取得的巨大进步来自对人为障碍的突破，例如硬件的限制、笨拙的编程语言和机器时间的缺乏等，这些障碍使次要任务实施起来异常艰难。相对根本任务而言，软件工程师在次要任务上花费了多少时间和精力？除非它占了所有工作的9/10，否则即使全部次要任务的时间缩减到零，也不会带来生产率数量级上的提高。

因此，现在是关注软件任务中的必要活动的时候了，也就是那些和构造异常复杂的抽象概念结构有关的部分。我建议：

- 仔细地进行市场调研，避免开发已上市的产品；
- 在获取和制定软件需求时，将快速原型开发作为迭代计划的部分；
- 有机地更新软件，随着系统的运行、使用和测试，逐渐添加越来越多的功能；
- 不断挑选和培养杰出新生代的概念设计人员。

介绍

在所有恐怖民间传说的妖怪中，最可怕的是人狼，因为它们可以完全出乎意料地从熟悉的面孔变成可怕的怪物。为了对付人狼，我们在寻找可以消灭它们的银弹。

大家熟悉的软件项目具有一些人狼的特性(至少在非技术经理看来)，常常看似简单明了的东西，却有可能变成一个落后进度、超出预算、存在大量缺陷的怪物。因此，我们听到了近乎绝望的寻求银弹的呼唤，寻求一种可以使软件成本像计算机硬件成本一样迅速降低的尚方宝剑。

但是，我们看看近十年来的情况，没有发现银弹的踪迹。没有任何技术或管理上的进展，能够独立地许诺在生产率、可靠性或简洁性上取得数量级的提高。本章我们试图通过分析软件问题的本质和很多候选银弹的特征，来探索其原因。

不过，怀疑论者并不是悲观主义者。尽管我们没有看见令人惊异的突破，并认为这种银弹实际上是与软件的内在特性相悖的，不过还是出现了一些令人振奋的革新。这些方法的规范化、持续地开拓、发展和传播确实是可以在将来使生产率产生数量级的提高。虽然没有通天大道，但是路就在脚下。

解决管理灾难的第一步是将大块的“巨无霸理论”替换成“微生物理论”，它的每一步——希望的诞生，本身就是对一蹴而就型解决方案的冲击。它告诉工作者进步是逐步取得的，要伴随着辛勤的劳动，对规范化过程进行持续不懈的努力。由此，诞生了现在的软件工程。

Ⓢ 根本困难

不仅仅是在目力所及的范围内没有发现银弹，软件的特性本身也导致不大可能有任何的发明创新——能够像计算机硬件工业中的电子器件、晶体管、大规模集成一样——提高软件的生产率、可靠性和简洁程度。我们甚至不能期望每两年有两倍的增长。

首先，我们必须看到这样的畸形并不是由于软件发展得太慢，而是因为计算机硬件发展得太快。从人类文明开始，没有任何其他产业技术的性价比，能在30年之内取得6个数量级的提高，也没有任何一个产业可以在性能提高或者成本降低方面取得如此的进步。这些进步来自计算机制造产业的转变，从装配工业转变成流水线工业。

其次，让我们了解中间的困难，来看看我们能期待什么样的软件技术产业发展速度。效仿亚里士多德，我将它们分成根本的(essence)——软件特性中固有的困难，次要的(accident)——出现在目前生产中，但并非那些与生俱来的困难。

我们在下一节中讨论次要问题。首先，我们来关注根本问题。

一个相互牵制关联的概念结构是软件实体必不可少的部分，它包括：数据集合、数据条目之间的关系、算法和功能调用等。这些要素本身是抽象的，体现在不同的表现形式下的概念构造是相同的。尽管如此，它仍然是内容丰富的和高度精确的。

我认为软件开发中困难的部分是规格说明、设计和测试这些概念上的结构，而不是对概念进行表达和对实现逼真程度进行验证。当然，我们还会犯一些语法错误，但是与绝大多数系统中的概念错误相比，它们是微不足道的。

如果这是事实，软件开发总是非常困难的，天生就没有银弹。

让我们来考虑现代软件系统中这些无法规避的内在特性：复杂度、一致性、可变性和不可见性。

复杂度。规模上，软件实体可能比任何由人类创造的其他实体更复杂，因为没有任何两个软件部分是相同的(至少在语句的级别上)。如果有相同的情况，我们会把它们合并成供调用的子函数。在这个方面，软件系统与计算机、建筑或者汽车大不相同，后者往往存在着大量重复的部分。

数字计算机本身就比人类建造的大多数东西复杂。计算机存在很多种状态，这使得构思、描述和测试都非常困难。软件系统的状态又比计算机的状态多若干个数量级。

同样，软件实体的扩展也不仅仅是相同元素重复添加，而必须是不同元素实体的添加。大多数情况下，这些元素以非线性递增的方式交互，因此整个软件复杂度要比非线性增长多得多。

软件的复杂度是根本属性，不是次要因素。因此，抽掉复杂度的软件实体描述常常也去掉了一些本质属性。数学和物理学在过去三个世纪取得了巨大的进步，数学家和物理学家们为复杂的现象建立了简化的模型，从模型中抽取出各种特性，并通过试验来验证这些特性。这些方法之所以可行，是因为模型中忽略的复杂度不是被研究现象的根本属性。当复杂度是本质特性时，这些方法就行不通了。

上述软件特有的复杂度造成了很多经典的软件产品开发问题。由于复杂度，团队成员之间的沟通非常困难，导致了产品瑕疵、成本超支和进度延迟；由于复杂度，使列举(还远远不是理解)所有可能的状态变得十分困难，影响了产品的可靠性；由于函数的复杂度，函数调用变得困难，导致程序难以使用；由于结构性复杂度，程序难以在不产生副作用的情况下用新函数扩充；由于结构性复杂度，还造成很多安全机制状态上的不可见性。

复杂度不仅仅导致技术产生困难，还引发了很多管理上的问题。它使全面理解问题变得困难，从而妨碍了概念上的完整性；它使所有离散出口难以寻找和控制；它引起了大量学习和理解上的负担，使开发慢慢演变成了一场灾难。

一致性。并不是只有软件工程师才面对复杂度问题。物理学家甚至在非常“基础”的级别上，也会面对异常复杂的事物。不过，物理学家坚信，必定存在着某种通用原理，或者在夸克中，或者在统一场论中。爱因斯坦曾不断地重申自然界一定存在着简化的解释，因为上帝不是专横武断或反复无常的。

软件工程师却无法从类似的信念中获得安慰，他必须掌握的很多复杂度是随心所欲、毫无规则可言的，来自若干必须遵循的人为惯例和系统。它们随接口的不同而改变，随时间的推移而变化，而且，这些变化不是必需的，仅仅由于它们是不同的人——而非上帝——设计的结果。

许多情况下，因为是开发最新的软件，它必须遵循各种接口。另一些情况下，软件的开发目标就是兼容性。在上述的所有情况中，很多复杂性来自保持与其他接口的一致性，对软件的任何再设计，都无法简化这些复杂特性。

可变性。软件实体经常会遭受到持续的变更压力。当然，建筑、汽车、计算机也是如此。不过，工业制造的产品在出厂之后不会经常地发生修改，它们会被后续模型取代，或者必要更改会被整合到具有相同基本设计的后续产品系列中。汽车的更改十分罕见，计算机的现场调整有时发生。然而，与软件的现场修改比起来，它们都要少很多。

其中的部分原因是因为系统中的软件包含了很多功能，而功能是最容易感受变更压力的部分。另外的原因是因为软件可以很容易地进行修改——它是纯粹思维活动的产物，可以无限扩展。日常生活中，建筑有可能发生变化，但众所周知，建筑修改的成本很高，从而打消了那些想提出修改的念头。

所有成功的软件都会发生变更。现实工作中，经常发生两种情况。当人们发现软件很有用时，会在原有应用范围的边界，或者在超越边界的情况下使用软件。功能扩展的压力主要来自那些喜欢基本功能，又对软件提出了很多新用法的用户们。

其次，软件一定是在某种计算机硬件平台上开发，成功软件的生命期通常比当初开发软件所用的计算机硬件平台的生命期要长。即使不是更换计算机，也有可能是换新型号的磁盘、显示器或者打印机。软件必须与各种新生事物保持一致。

简言之，软件产品扎根于文化的母体中，如各种应用、用户、自然及社会规律、计算机硬件等。后者持续不断地变化着，这些变化无情地强迫着软件也随之变化。

不可见性。软件是不可见的和无法可视化的。例如，几何抽象是强大的工具。建筑平面图能帮助建筑师和客户一起评估空间布局、进出的运输流量和各个角度的视觉效果。这样，矛盾变得突出，遗漏的地方可以捕捉到。同样，机械制图、化学分子模型尽管是抽象模型，但都起了相同的作用。总之，都可以通过几何抽象来捕获物理存在的几何特性。

软件的客观存在不具有空间的形体特征。因此，没有已有的几何表达方式，就像陆地海洋有地图，硅片有膜片图，计算机有电路图一样。当我们试图用图形来描述软件结构时，发现它是很多相互关联、重叠在一起的图形。这些图形可能代表控制流程、数据流、依赖关系、时间序列和名字空间的相互关系等。它们通常不是有较少层次的扁平结构。实际上，在上述结构上建立概念控制的一种方法是强制将关联分割，直到可以层次化一个或多个图形。[2]

除去软件结构上的限制和简化方面的进展，软件仍然保持着无法可视化的固有特性，从而剥夺了一些具有强大功能的概念工具的构造创意。这种缺憾不仅限制了个人的设计过程，也严重地阻碍了思路相互之间的交流。

Ⓢ 以往解决次要困难的一些突破

如果回顾一下软件领域中取得的最富有成效的三次进步，我们会发现每一次都是解决了软件构建上的巨大困难，但是这些是次要困难，不是本质属性，也不是主要困难。同样，我们可以对每一次进步进行外推，来了解它们的固有限制。

高级语言。毋庸置疑，软件生产率、可靠性和简洁性上最有力的突破是使用高级语言编程。大多数观察者相信开发生产率至少提高了5倍，可靠性、简洁性和理解程度也大为提高。

那么，高级语言取得了哪些进展呢？它减轻了一些次要的软件复杂度。抽象程序包含了很多概念上的要素：操作、数据类型、流程和相互通信，而具体的机器语言程序则关心位、寄存器、条件、分支、通道、磁盘等。高级语言所达到的抽象程度体现了抽象程序所需的要素，避免了更低级的元素，它消除了并不是程序所固有的整个级别的复杂度。

高级语言最可能实现的是为所有编程人员在抽象程序中提供想到的要素。可以肯定的是，我们正在逐渐思考数据结构、数据类型和操作的复杂程度，只不过是以非常缓慢的速度。另外，程序开发方法越来越接近用户的复杂度。

然而，对于较少使用那些复杂深奥语言要素的用户，高级语言在某种程度上增加而不是减少了脑力劳动的负担。

分时。大多数观察者相信，分时在提高程序员的生产率和产品质量方面起到了很大作用，尽管它产生的进步不如高级语言。

分时解决了完全不同的困难，保证了及时性，从而使我们能维持对复杂度的一个总体把握。批处理编程的较长周转时间意味着会不可避免地遗忘一些细枝末节。如果我们停止编程，调用编译程序或者执行程序，思维上的中断将使我们不得不重新进行思考，它在时间上的代价非常高昂。最严重的结果可能是失去对复杂系统的掌握。

较长的周转时间与机器语言的复杂度一样，是软件开发过程的次要困难，而不是本质困难。这直接导致分时作用非常有限。主要效果缩短了系统的响应时间。随着它接近于零，超过人类可以辨识的基本能力——大概100毫秒时，所获得的好处就接近于零了。

统一编程环境。第一个集成开发环境——Unix和Interlisp，现在已经得到了广泛应用，并且由于整合的因素使生产率提高。为什么？

它们主要通过提供集成库、统一文件格式、管道和过滤器，解决了共同使用程序的次要困难。这样，概念性结构理论上的相互调用、提供输入和互相使用，在现实中可以非常容易地实现。

因为每个新工具可以通过标准格式在任何一个程序中应用，这种突破接着又激发整个工具库的开发。

由于这些成功，环境开发是当今软件工程研究的主要题目。我们将在下节讨论期望达到的目标和限制。

Ⓢ 银弹的希望

现在，让我们来讨论一下当今可能作为潜在银弹的最先进的技术进步。它们各自针对什么问题？它们属于必要问题，或者依然是我们接下来要解决的次要困难？它们是提供了创新，还是仅仅做出了一些改进？

Ada和其他高级编程语言。近来，最被吹捧的开发进展之一是编程语言Ada，一种20世纪80年代的高级语言。Ada实际上不仅仅反映了语言概念上的突破性进展，而且蕴涵了鼓励现代设计和模块化概念运用的重要特性。由于Ada采用的是抽象数据类型、层次结构的模块化理念，所以Ada理念可能比语言本身更加先进。Ada使用设计来承载需求，作为这一过程的自然产物，它可能过于丰富了。不过，这并不是致命的，因为它的词汇子集可以解决学习问题，硬件的进展能提供更高的MIPS(每秒百万指令集)，减少编译的成本。软件系统结构化的先进理念实际上非常好地利用了MIPS上的进展。20世纪60年代，曾在内存和循环成本上广受谴责的操作系统，如今已被证明是一种能使用某些MIPS和廉价内存的非常优秀的系统。

然而，Ada仍然不是消灭软件生产率怪兽的银弹。毕竟，它只是另一种高级语言，这类语言最大的回报来自第一次切换，它通过使用更加抽象的语句来开发，降低了机器的次要复杂度。一旦这些难题被解决，就只剩下非常少的问题了，解决剩余问题的获益必然也要少一些。

我预言，在以后的10年中，当Ada的效率被大家评估认可时，它会产生相当大的变化，但并不是因为任何特别的语言特性，不是由于这些语言特性被合并在一起，也不是因为Ada开发环境会不断发展进步。Ada的最大贡献在于编程人员培训方式的转变，即需要对开发人员进行现代软件设计技术培训。

面向对象编程。软件专业的一些学生坚持面向对象编程是当今若干新潮技术中最富有希望的。[3]我也是其中之一。达特茅斯的Mark Sherman提出，必须仔细地区别两个不同的概念：抽象数据类型和层次化类型，后者也被称为类(class)。抽象数据类型的概念是指对象类型应该通过一个名称、一系列合适的值和操作来定义，而不是理应被隐藏的存储结构。抽象数据类型的例子是Ada包(以及私有类型)和Modula的模块。

层次化类型，如Simula-67的类，是允许通用接口的定义被后续子类型精化的。这两个概念是互不相干的——可以只有层次化，没有数据隐藏；也可能是只有数据隐藏，而没有层次化。两种概念都体现了软件开发领域的进步。

它们的出现都消除了开发过程中的非本质困难，允许设计人员表达自己设计的内在特性，而不需要表达大量句法上的内容，这些内容并没有添加新的信息。对于抽象数据类型和层次化类型，它们都解决了高级别的次要困难并允许采用较高层次的表现形式来表达设计。

不过，这些提高仅仅能消除所有设计表达上的次要困难。软件的内在问题是设计的复杂度，上述方法并没有对它有任何的促进。除非在我们现在的编程语言中，不必要的低层次类型说明占据了软件产品设计的90%，面向对象编程才能带来数量级上的提高。对面向对象编程这颗“银弹”，我深表怀疑。

人工智能。很多人期望人工智能上的进展可以给软件生产率和质量带来数量级上的增长，[4]但我不这样认为。究其原因，我们必须剖析“人工智能”意味着什么，以及它是如何应用的。

Parnas澄清了术语上的混乱：

现在有两种差异非常大的AI定义被广泛使用。AI-1：使用计算机来解决以前只能通过人类智慧解决的问题。AI-2：使用启发式或基于规则的特定编程技术。在这种方法中，对人类专家进行了研究，判断他们解决方法的启发性思维或者经验法则……程序被设计成以人类解决问题的方式来运作。

> 第一种定义的意义容易发生变化……今天可能适合AI-1定义的程序，一旦我们了解了它的运行方式，理解了问题，就不再认为它是人工智能……遗憾的是，我无法识别这个领域的特定知识体系……绝大多数工作是针对问题域的，我们需要一些抽象或者创造性来解决上述问题。[5]

我完全同意这种批评意见。语音识别技术与图像识别技术的共同点非常少，它们又都与专家系统中应用的技术不同。例如，我觉得很难去发现图像识别技术能给编程开发实践带来什么样的差异。同样，语音识别也差不多——软件开发上的困难是决定说什么，而不是如何说。表达的简化仅仅能提供少量的促进作用。

至于AI-2专家系统技术，应该用专门的章节来讨论。

专家系统。人工智能领域最先进的、被最广泛使用的部分，是开发专家系统的技术。很多软件科学家正非常努力地工作着，想把这种技术应用在软件的开发环境中。[6]那么它的概念是什么，前景如何？

专家系统是包含归纳推论引擎和规则基础的程序，它接收输入数据和假设条件，通过从基础规则推导逻辑结果，提出结论和建议，向用户展示前因后果，并解释最终的结果。推论引擎除了处理推理逻辑以外，通常还包括复杂逻辑或者概率数据和规则。

对于解决相同的问题，这种系统明显比传统的程序算法要先进很多。

- 推论引擎技术的开发独立于应用程序，因此可以有多种用途。在该引擎上付出较大的力气是很合理的。实际上，这种引擎技术非常先进。
- 基于应用的、可变更的部分，在基础规则中以一种统一的风格编码，并且为规则基础的开发、更改、测试和文档化提供了若干工具。这实际上对一些应用程序本身的复杂度进行了系统化。

Edward Feigenbaum指出，这种系统的能力不是来自某种前所未有的推导机制，而是来自非常丰富的知识积累基础，这一基础更加精确地反映了现实世界。我认为这种技术提供的最重要进步是具体应用的复杂度与程序本身相分离。

如何把它应用在软件开发工作中呢？可以通过很多途径：建议接口规则、制定测试策略、记录各种bug产生的频率和提供优化建议，等等。

例如，考虑一个虚构的测试顾问系统。在最根本的级别，诊断专家系统和飞行员的检查列表很相似，对困难可能的成因提供基本建议。建立基础规则时，可以依据更多的复杂问题征兆报告，从而使这些建议更加精确。可以想象，一种调试辅助程序起初提供的是一般化建议，随着基础规则包括越来越多的系统结构信息，它产生的推测和推荐的测试也越来越准确。这种类型的专家系统可能与传统系统彻底分离，系统中的规则基础可能与相应的软件产品具有相同的层次模块化结构，因此当对产品进行模块化修改时，诊断规则也能相应地进行模块化修改。

产生诊断规则也是在为模块和系统编制测试用例集时必须完成的任务。如果它以一种适当通用的方式来完成，对规则采用一致的结构，拥有一个良好可用的推测引擎，事实上它就可以减少测试用例设计的总体工作量，并帮助整个软件生命周期的维护和修改测试。同样，我们可以推测其他的顾问专家系统——可能是它们中的某一些，或者是较简单的系统——能够用在软件开发的其他部分。

在较早实现的用于软件开发的专家顾问系统中存在着很多困难。在我们假设的例子中，一个关键的问题是寻找一种简单的方法，能从软件结构的技术说明中，自动或者半自动地产生诊断规则。另外，更加重要也是更加困难的任务是：寻觅能够清晰表达，深刻理解来龙去脉，前因后果事情的自我分析专家；开发有效的技术——抽取专家们所了解的知识，把它们精炼成基础规则。这项工作的工作量是知识获取工作量的两倍。构建专家系统的必要前提条件是拥有专家。

专家系统最强有力的贡献是给缺乏经验的开发人员提供服务，用最优秀的开发者的经验和知识积累为他们提供指导，这是非常大的贡献。最优秀和一般的软件工程实践之间的差距是非常大的，可能比其他工程领域中的差距都要大，一种传播优秀实践的工具特别重要。

“自动”编程。近40年，人们一直在预言和编写有关“自动编程”的文字，从问题的一段陈述说明自动产生解决问题的程序。现在，仍有一些人期望这样的技术能够成为下一个突破点。[7]

Parnas暗示这是一个用于魔咒的术语，本身的语义是不完整的，并断言：

一句话，自动编程总是成为一种热情，使用现在并不可用的更高级语言编程的热情。[8]

他指出，大多数情况下所给出的技术说明本质上是问题的解决方法，而不是问题自身。

可以找到一些例外情况。例如，数据发生器的开发技术就非常实用，并经常用于排序程序中。一些微积分方程系统也允许直接描述问题。系统评估若干参数，从问题解决方案库中进行选择，生成合适的程序。

这样的应用具有非常良好的特性：

- 问题通过相对较少的参数迅速地描述特征；
- 存在很多已知的解决方案，提供了可供选择的库；
- 在给定问题参数的前提下，大量广泛的分析为选择具体的解决技术提供了清晰的规则。

具有上述简洁属性的系统是一个例外，除此之外很难看到该方法能普及到更广泛的寻常软件系统，甚至难以想象这种突破如何能够进行推广。

图形化编程。在软件工程的博士论文中，一个很受欢迎的主题是图形化或可视化编程，计算机图形在软件设计上的应用。[9]这种方法的推测部分来自VLSI芯片设计的类比，计算机图形化在该设计中扮演了高生产力的角色。部分源于一人们将流程图作为一种理想的设计介质，并为构建它们提供了很多功能强大的实用程序一这证实了图形化的可行性。

不过，上述方法中至今还没有出现任何令人信服，更不用说令人激动的进步。我确信将来也不会出现。

首先，如同我先前所提出的，流程图是一种非常差劲的软件结构表达方法。[10]实际上，它最好被视为是Burks、Von Neumann和GoldStine试图为他们所设计的计算机提供的一种当时迫切需要的高级控制语言。如今的流程图已经变得复杂了，一张图有若干页，有很多连接结点，这种表现形式实在令人同情。流程图已经被证明是完全不必要的设计工具——程序员是在开发之后，而不是之前绘制描述程序的流程图。

其次，现在的屏幕非常小，就像素级别，无法同时表现软件图形的所有正式、详细的范围和细节。现在所谓 “类似桌面”的工作站实际上像“飞机座椅”。在飞机上任何坐在两个肥胖乘客之间，反复挪动一大兜文件的人都会意识到这中间的差别——每次只能看到很少的内容。真正的桌面提供了很多文件的总览，让大家可以随意地使用它们。此外，当人们的创造力一阵阵地涌现时，开发人员大多数都会舍弃工作台，使用空间更为广阔的地板。要使我们面对的工作空间满足软件开发工作的需要，硬件技术必须进一步发展。

更加基本的是，如同我们上面所讨论的，软件非常难以可视化。即使用图形表达出了流程图、变量范围嵌套情况、变量交叉引用、数据流和层次化数据结构等，也只是表达了某个方面，就像盲人摸象一样。如果我们把很多相关的视图叠加在所产生的图形上，那么很难再抽取出全局的总体视图。对VLSI芯片设计方法的类推是一种误导——芯片设计是对两维对象的层次设计，几何特性反映了它的本质特性，而软件系统不是这样。

程序验证。现代编程的许多工作是测试和修复bug。是否有可能出现银弹，能够在系统设计阶段、源代码阶段就消除bug？是否可以在大量工作被投入实现和测试之前，通过采用证实设计正确性的“深奥”策略，彻底提高软件的生产率和产品的可靠性？

我并不认为这里能找到魔法。程序验证的确是很先进的概念，它对安全操作系统内核等这类应用是非常重要的。不过，这项技术并不能保证节约劳动力。验证要求如此多的工作量，最终却只有少量的程序能够真正得到验证。

程序验证并不意味着零缺陷的程序。这里也没有什么魔术，数学验证仍然可能是有错误的。因此，尽管验证可能减少程序测试的工作量，却不能省略程序测试。

更严肃地说，即使完美的程序验证也只能建立满足技术说明的程序。这时，软件工作中最困难的部分已经接近完成，形成了完整和一致的说明。开发程序的一些必要工作实际上已经变成了对技术规格说明进行的测试。

环境和工具。向更好的编程开发环境研究中投入，我们可以期待得到多少回报呢？人的本能反应是首先着手解决高回报的问题：层次化文件系统，统一文件格式以获得一致的编程接口和通用工具等。特定语言的智能化编辑器在现实中还没有得到广泛应用，不过它们最有希望实现的是消除语法错误和简单的语义错误。

开发环境上，现在已经实现的最大成果可能是集成数据库的使用，用来跟踪大量的开发细节，供每个程序员精确地查阅信息，并在整个团队协作开发中保持最新的状态。

显然，这样的工作是非常有价值的，它能带来软件生产率和可靠性方面的一些提高。但是，由于自身的特性，目前它的回报应该很有限。

工作站。随着工作站的处理能力和内存容量的稳固和快速提高，我们能期望在软件领域取得多大的收获呢？有多少MIPS可供自由使用呢？现在的运算速度已经可以完全满足程序编制和文档书写的需要了。编译还需要一些提高，不过一旦机器运算速度提高10倍，程序开发人员的思考活动将成为日常工作的主要活动。实际上，这已经是现在的情况了。

我们当然欢迎更加强大的工作站，但是不能期望有魔术般的提高。

Ⓢ 针对概念上根本问题的颇具前途的方法

虽然现在软件上没有技术上的突破能够预示我们可以取得像在硬件领域上一样的进展，但在现实的软件领域中，既有大量优秀的工作，也有不引人注意的平稳进步。

所有针对软件开发过程中次要困难的技术工作基本上能表达成以下生产率公式：

$$\text{任务时间}=\sum_{i}\text{频率}_i\times\text{时间}_i$$

如果和我所认为的一样，工作的创造性部分占据了大部分时间，那些仅仅是表达概念的活动并不能在很大程度上影响生产率。

因此，我们必须考虑那些解决软件上必要困难的活动——即，准确地表达复杂概念结构。幸运的是，其中的一些问题非常有希望被解决。

购买和自行开发。构建软件最可能的彻底解决方案是不开发任何软件。

情况每一天都在好转，越来越多的软件提供商为各种眼花缭乱的应用程序提供了质量更好、数量更多的软件产品。当我们的软件工程师正忙于生产方法论时，个人计算机的惊天动地的变化为软件创造了广阔的市场。每个报摊上都有大量的月刊，根据机器的类型，刊登着从几美元到几百美元的各种产品的广告和评论。更多专业厂商为工作站和Unix市场提供了很多非常有竞争力的产品，甚至很多工具软件和开发环境软件都可以随时购买使用。对于独立的软件模块市场，我已在其他地方提出了一些建议。

以上提到的任何软件，购买都比重新开发要低廉一些。即使支付100 000美元，购买的软件也仅仅是一个人年的成本。而且软件是立即可用的。至少对于现有的产品，对于那些专注于该领域开发者的成果而言，它们是可以立刻投入使用的。并且，它们往往配备了书写良好的文档，在某种程度上比自行开发的软件维护得更加完备。

我相信，这个大众市场将是软件工程领域意义最深远的开发方向。软件成本一直是开发的而非复制的成本，所以，即使只在少数使用者之间实现共享，也能在很大程度上减少每个用户的成本。另一种看法是使用软件系统的*n*个备份，将会使开发人员的生产率有效地提高*n*倍。这是一个领域和行业范围的提高。

当然，关键的问题还是可用性。是否可以在自己的开发工作中使用商用的软件包？这里，有一个令人吃惊的问题。20世纪50—60年代期间，一个接一个的研究显示，用户不会在工资系统、物流控制、账务处理等系统中使用商用软件包。需求往往过于专业，不同情况之间的差别太大。80年代，我们发现这些软件包的需求大为增加，并得到了大规模的使用。是什么导致了这样的变化呢？

并不是软件包发生了变化。它们可能比以前更加通用和更加定制化一些，但并不太多。同样，也不是应用发生了变化。即使有，今天的商业和学术上的需要也比20年前更加不同和复杂。

重大的变化在于计算机硬件/软件成本比率。在1960年，200万美元机器的购买者觉得他可以为定制的薪资系统支付250 000美元，而这样的系统很容易慢慢地变得不适用。现在，对50 000美元的办公室机器购买者而言，很难想象能为定制薪资系统再支付费用。因此，他们把上述系统的模块进行调整，添加到可用的软件包中。计算机现在如此的普遍，上述的改编和调整是发展的必然结果。

我的上述观点也存在一些戏剧性的例外——软件包的通用化方面并没有发生什么变化，如电子表格和简单的数据库系统。这些强大的工具出现得如此之晚并如此醒目，产生无数的应用，而其中的一些是非正统的。大量的文章甚至书籍讲述了如何使用电子表格应付很多意想不到的问题。原先作为客户程序，使用Cobol或者报表生成程序编写的大量应用，如今已经被这些工具取代。

现在很多用户天天操作计算机，使用着各种各样的应用程序，但并不编写代码。事实上，他们中很多人无法为自己的计算机编写任何程序，不过他们非常熟练地使用计算机来解决新问题。

我认为，对于现在的很多组织机构来说，最有效的软件生产率策略是在生产一线配备很多个人计算机，安装好通用的书写、作图、文件管理和电子表格程序以及配备能熟练使用它们的人员，并且把这些人员分配到各个岗位。类似的策略——通用的数学和统计软件包以及一些简单的编程能力，同样适用于很多实验室的科学工作者。

需求精炼和快速原型。开发软件系统的过程中，最困难的部分是确切地决定搭建什么样的系统。概念性工作中，没有其他任何一个部分比确定详细的技术需求更加困难。详细的需求包括了所有的人机界面，与机器和其他软件系统的接口。如果失误了，需求工作对系统的影响比其他任何一个部分都大，当然纠正需求的困难也比其他任何一个部分都要大。

因此，软件开发人员为客户所承担的最重要的职能是不断重复地抽取和细化产品的需求。事实上，客户不知道自己需要什么。他们通常不知道哪些问题是必须回答的。并且，连必须确定的问题细节常常根本不予考虑，甚至只是简单地回答——“开发一个类似于我们已有的手工信息处理过程的新软件系统”——实际上都过于简单。客户决不会仅仅只要求这些。复杂的软件系统往往是活动的、变化的系统。活动的动态部分是很难想象的。所以，在计划任何软件活动时，要让客户和设计人员之间进行多次广泛的交流沟通，并将其作为系统定义的一部分，这是非常必要的。

这里，我将向前多走一步，下一个定论。在尝试和开发一些客户定制的系统之前，即使他们和软件工程师一起工作，想要完整、精确、正确地抽取现代软件产品的需求——这，实际上也是不可能的。

因此，现在的技术中最有希望的，并且解决了软件的根本而非次要问题的技术，是开发作为迭代需求过程的一部分——快速原型化系统的方法和工具。

软件系统的快速原型对重要的系统界面进行模拟，并演示待开发系统的主要功能。同时，原型不必受到相同硬件速度、规模或者成本的限制。原型通常展示了应用程序的功能主线，但不处理任何如无效输入、退出清除等异常情况。原型的目的是明确实际的概念结构，使客户可以测试一致性和可用性。

现在的软件开发流程是基于如下假设的——事先明确地阐述系统，为系统开发竞标，实际进行开发，最后安装。我认为这种假设根本上就是不正确的，很多软件问题就来自这种谬误。因此，如果不进行彻底地调整，就无法消除那些软件问题。其中，一种改进是对产品和原型不断反复地进行开发和规格化。

增量开发——增长，而非搭建系统。我现在还记得，在1958年，当听到一个朋友提及搭建(building)，而不是编写(writing)系统时，我所受到的震动。一瞬间，我的整个软件开发流程的视野开阔了。这种暗喻是非常有力和精确的。现在，我们已经理解软件开发是如何类似于其他的建造过程，并开始随意地使用其他的暗喻，如**规格说明**(specifications)、**构件装备**(assembly of components)、**脚手架(测试平台)**(scaffolding)。

暗喻“搭建系统”的使用已经有些超出了它的有效期限，是重新换一种表达方式的时候了。如果现在的开发情况与我所考虑的一样，那些概念性的结构非常复杂，以至于难以事先精确地说明和零缺陷地开发，我们必须采用彻底不同的方法。

让我们转向自然界，研究一下生物的复杂性，而不是人们的僵硬工作。我们会发现它们的复杂程度令我们敬畏。仅是大脑本身，就比任何对它的描述都要复杂，比任何的模拟仿真都要强大，它的多样性、自我保护和自我更新能力异常丰富和有力。其中的秘密就是逐步发育成长，而不是一次性搭建。

所以，我们的软件系统也必须如此。很多年前，Harlan Mills建议所有的软件系统都应该以增量的方式开发。[11]也就是说，首先系统应该能够运行，即使未完成任何有用功能，只能正确调用一系列伪子系统。接着，系统一点一点被充实，子系统轮流被开发，或者是在更低的层次调用程序、模块、子系统的占位符(伪程序)等。

从我在软件工程试验班上开始推动这种方法起，其效果就不可思议了。在过去几十年中，没有任何方法和技术能如此彻底地改变我自己的实践。这种方法迫切地要求自上而下设计，因为它本身是一种自上而下增长的软件。增量化开发使逆向跟踪很方便，并非常容易进行原型开发。每一项新增功能，以及针对更加复杂数据或环境的新模块，从已经规划的系统中有机地增长。

这种开发模式对士气的推动是令人震惊的。当一个可运行系统——即使是非常简单的系统出现时，开发人员的热情就迸发出来了。当一个新图形软件系统的第一幅图案出现在屏幕上时，即使是一个简单的长方形，工作的动力也会成倍地增长。在开发过程的每个阶段，总有可运行的系统。我发现开发团队可以在4个月内，培育(grow)出比搭建(building)复杂得多的系统。

大型项目同样可以得到与我所参与的小型项目相同的好处。[12]

卓越的设计人员。关键的问题是如何提高软件行业的核心，一如既往的是——人员。

我们可以通过遵循优秀而不是拙劣的实践，来得到良好的设计。优秀的设计是可以传授的。程序员的周围往往是最出色的人员，因此他们可以学习到良好的实践。因此，美国的重大策略是颁布各种优秀的现代实践。新课程、新文献，像软件工程研究所(SEI)等新机构的出现都是为了把我们的实践从不足提升到更高的水平。其正确性是毋庸置疑的。

不过，我不认为我们可以用相同的方式取得下一次的进步。低劣设计和良好设计之间的区别可能在于设计方法的完善性，而良好设计和卓越设计之间的区别肯定不是如此。卓越设计来自卓越的设计人员。软件开发是一个创造性的过程。完备的方法学可以培养和释放创造性的思维，但它无法孕育或激发创造性的过程。

其中的差异并不小——就像萨列里和莫扎特。一个接一个的研究显示，非常卓越的设计者产生的成果更快、更小、更简单、更干净，实现的代价更小。卓越和一般的差异接近一个数量级。

简单地回顾一下，尽管很多杰出、实用的软件系统是由很多人共同设计开发的，但是那些激动人心、拥有广大热情爱好者的产品往往体现了一个或者少数伟大设计师们的思想。考虑一下Unix、APL、Pascal、Modula、Smalltalk的界面，甚至Fortran，与之对应的产品是Cobol、PL/I、Algol、MVS/370和MS-DOS(见图16-1)。

YES	NO
Unix	Cobol
APL	PL/I
Pascal	Algol
Modula	MVS/370
Smalltalk	MS-DOS
Fortran	

图16-1 激动人心的产品

因此，尽管我强烈地支持现在的技术转移和开发技能的传授，但我认为我们可以做的最重要工作是寻求培养卓越设计人员的途径。

没有任何软件机构可以忽视这项挑战。尽管公司可能缺少良好的管理人员，但决不会比良好设计人员的需求更加迫切，而卓越的管理人员和设计人员都是非常缺乏的。大多数机构花费了大量的时间和精力来寻找和培养管理人员，但据我所知，它们中间没有任何一家在寻求和培育杰出的设计人员上投入相同的资源，而产品的技术特色最终依赖于这些设计人员。

我的第一项建议是每个软件机构必须决定和表明，杰出的设计人员和卓越的管理人员一样重要，他们应该得到相同的培养和回报。不仅仅是薪资，还包括各个方面的认可——办公室规模、家具、个人的设备、差旅费用和人员支持等——必须完全一致。

如何培养杰出的设计人员呢？限于篇幅，不允许进行较长的介绍，但有些步骤是显而易见的。

- 尽可能早地、系统地识别顶级的设计人员，最好的通常不是最有经验的人员。

- 为设计人员指派一位职业导师，负责他们技术方面的成长，仔细地为他们规划职业生涯。
- 为每个方面制订和维护一份职业计划，包括与设计大师的、经过仔细挑选的学习过程，正式的高级教育和短期的课程——所有这些都穿插在设计和技术领导能力的培养安排中。
- 为成长中的设计人员提供相互交流和激励的机会。

第 17 章

再论“没有银弹”

生死有命，富贵在天。

——威廉二世，奥兰治亲王

任何人若想看到一件完美无瑕的作品，他所想的那种作品过去不存在，现在和将来也不会出现。

——亚历山大·蒲柏，《批判论文》

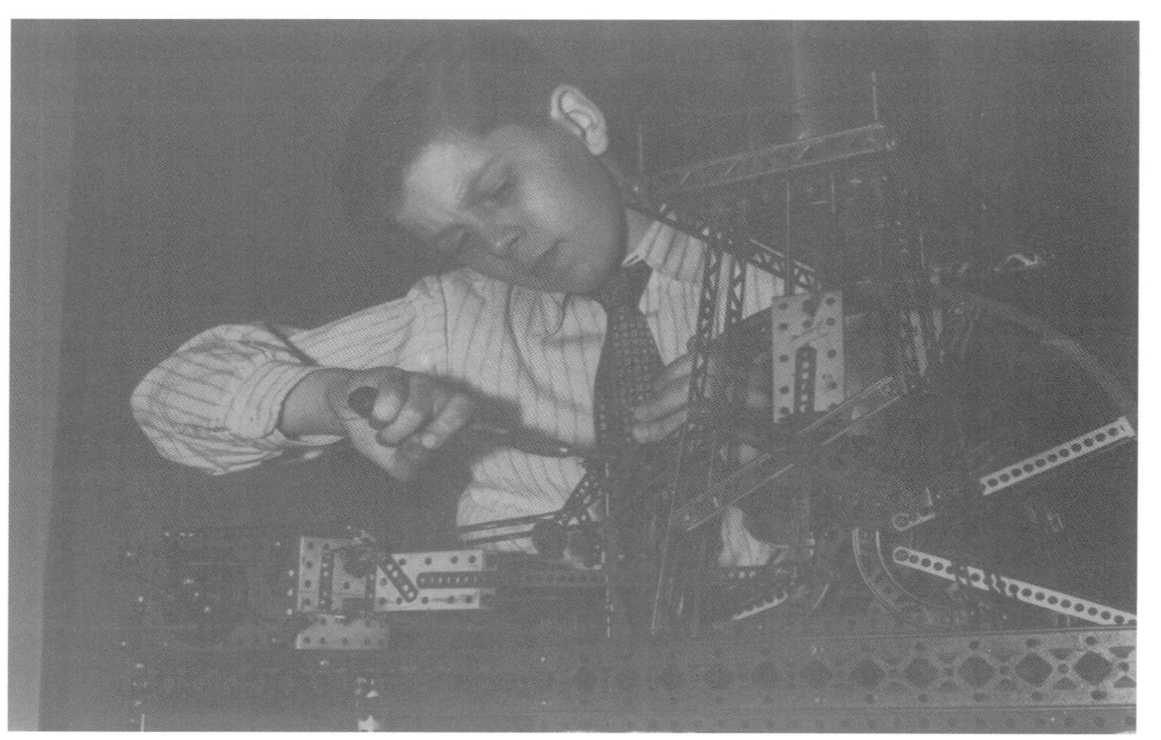

1945年，人们用现成的零件组装成具有复杂结构的装置

资料来源：The Bettman Archive

Ⓢ 人狼和其他恐怖传说

"没有银弹——软件工程中的根本和次要问题"(参见第16章)最初是IFIP 1986年都柏林大会的约稿，接着在一系列的刊物上发表。[1]《计算机》(*Computer*)杂志上翻印了该文章，封面是一幅类似于《伦敦人狼》(*The Werewolf of London*)影片的恐怖剧照。[2]同时，还有一栏补充报道《杀死人狼》，描述了只有银弹才能完成的(现代)神话。在出版之前，我并未注意到补充报道和插图，也没有料到一篇严肃的技术性文字会被这样润色。

《计算机》杂志的编辑们精于此道，不过，似乎有很多人阅读了那篇文章。因此，我为那一章选择了另一幅人狼插图，一幅对这种近乎滑稽物种的古老素描。我希望这幅并不刺眼的图案有相同的正面效果。

Ⓢ 存在着银弹——就在这里

"没有银弹"声称和断定，在近10年内，没有任何单独的软件工程进展可以使软件生产率有数量级的提高(引自1986年的版本)。现在已经是第九个年头了，因此也该看看这些预言是否得到了应验。

《人月神话》一书被大量地引用，很少存在异议；相比之下，"没有银弹"却引发了众多的辩论，编辑收到了很多文章和信件，至今还在延续。[3]他们中的大多数攻击其核心论点和我的观点——没有神话般的解决方案，将来也不会有。他们大都同意"没有银弹"一文中的多数观点，但接着断定实际存在着杀死软件怪兽的银弹——由他们所发明的银弹。今天，当我重新阅读一些早期的反馈时，我不禁发现在1986—1987年，曾被强烈推崇的秘方并没有出现所声称的戏剧性效果。

在购买计算机软件和硬件时，我喜欢听取那些真正使用过产品并感到满意的用户的推荐。同样，当某个名副其实的中立客户走到面前声称，“我使用了这种方法、工具或者产品，它使我的软件生产率提高了10倍。”这时，我很乐意接受银弹已经出现的观点。

很多书信作者进行了若干正确的修订和澄清，其中一些还提供了很有针对性的分析和辩驳，对此我非常感激。本章我将同大家分享这些改进，并对反面意见进行讨论。

Ⓢ 含糊的表达将会导致误解

某些作者指出我没有将一些观点表达清楚。

次要。在第16章的摘要中，我已经尽我所能清晰地表达了“没有银弹”一文的主要观点。然而，仍有些观点由于术语“accident”(偶然)和“accidental”(次要)而被混淆，这些术语来自亚里士多德的古老用法。[4]术语“accidental”不是指“偶然发生”，也不是指“不幸的”，其意思更接近“附带的”或者“从属的”。

我并不是贬低软件构建中的次要部分，相反，我认同英国剧作家、侦探小说作者和神学家D. 塞耶斯看待创造性活动的观点，她认为所有创造性活动包括：①概念性结构的形式规格化；②使用现实的介质来实现；③在实际的使用中，与用户交互。[5]在软件开发中，我称为“必要”的部分是构思这些概念上的结构；我称为“次要”的部分是指它的实现过程。

现实问题。对我来说(尽管不是对所有人)，关键论点的正确与否归结为一个现实问题：整个软件开发工作中的哪些部分与概念性结构的精确和有序表达相关，哪些部分是创造那些结构的思维活动？根据缺陷是概念性的(例如未能识别某些异常)，或者是表达上的问题(例如指针错误或者内存分配错误)等，可以将这些缺陷的寻找和修复工作进行相应的划分。

在我看来，开发的次要或者表达部分现在已经下降到整个工作的一半或一半以下。由于这部分是现实的问题，所以其价值原则上可以应用测量技术来研究。[6]这样，我的观点也可以通过更科学和更新的估计来纠正。值得注意的是，还没有人公开发表或者私下写信告诉我，次要部分的任务占据了工作的9/10。

“没有银弹”无可争辩地指出，如果开发的次要部分少于整个工作的9/10，即使不占用任何时间(需要出现奇迹)，也不会给生产率带来数量级的提高。因此，必须着手解决开发的根本问题。

由于“没有银弹”，Bruce Blum把我的注意力引向Herzberg、Mausner和Sayderman等人在1959年的研究。[7]他们发现动机因素可以提高生产率。另一方面，环境和次要因素，无论起到多么积极的作用，仍无法提高生产率。但是在产生负面影响时，它们会使生产率降低。“没有银弹”认为，很多软件开发过程已经消除了以下负面因素：十分笨拙的机器语言，漫长的批处理周转时间、拙劣的工具以及无法忍受的内存限制。

因为是根本困难所以就没有希望？1990年Brad Cox的一篇非常出色的论文“这就是银弹”(“There is a Silver Bullet”)，有说服力地指出可重用和可交互的构件开发是解决软件根本困难的一种方法。[8]我由衷地表示赞同。

不过，Cox在两点上误解了“没有银弹”。首先，他理解该文并断定软件困难来自“编程人员缺乏构建当今软件的技术”。而我认为，根本困难是固有的概念复杂性，无论是任何时间，使用任何方法设计和实现软件的功能，它都存在。其次，他(以及其他人)阅读“没有银弹”，并认定文中的观点是处理软件开发中的根本困难是没有希望的——这不是我的本意。作为本质上的困难，构思软件概念性的结构本身就有复杂性、一致性、可变性及不可见性的特点。不过实际上，每一种困难产生的麻烦都是可以改善的。

复杂性是层次化的。例如，复杂性是最严重的内在困难，但并不是所有的复杂性都是不可避免的。我们的很多软件，但不是全部，来自应用本身随意的复杂特性。MYSIGMA Sødahl的Lars Sødahl和合作伙伴——一家国际管理咨询公司，曾写道：

> 就我的经验而言，在系统工作中所遇到的大多数复杂性是组织结构上一些失误的征兆。试图为这些现实建模，建立同等复杂的程序，实际上是隐藏，而不是解决这些杂乱无章的情况。

Northrop的Steve Lukasik认为，即使是组织机构上的复杂性也不是任意的，可能容易受到策略调整的影响。

> 我曾作为物理学家接受过培训，因此倾向于用更简单的概念来描述“复杂”事物。现在你可能是正确的，我无法断定所有的复杂事物都容易用有序的规律表达……同样的道理，你不能断定它们不能。
>
> ……昨天的复杂性是今天的规律。分子的无序性启迪了气体动力学理论和热力学的三大定律。现在，软件也许并没有揭示类似

的规律性原理，但是解释为什么没有的重担却落在了你的身上。我不是迟钝和好辩的。我相信有一天软件的“复杂性”将以某种更高级的规律性概念来理解(就像物理学家的不变式)。

我并没有着手于Lukasik提倡的更深层次的分析。作为一门学科，我们需要更广泛的信息理论，它能够量化静态结构的信息内容，就像针对交互流的香农信息论一样。这已经超越了我的能力。作为对Lukasik的简单回应，我认为系统复杂性是无数细节的函数，这些细节必须精确而且详细地说明——或者是借助某种通用规则，或者是逐一阐述，但绝不仅仅是统计说明。仅靠若干人不相干的工作，是不大可能产生能用通用规律进行精确描述的足够的一致性的。

不过，很多软件结构的复杂性并不完全是因为与外部世界保持一致，而是因为实现的本身，例如数据结构、算法和互联性等。而在更高的级别开发(发展)软件，使用其他人的成果，或者重用自己的程序——都能避免面对整个层次的复杂性。“没有银弹”提出了全力解决复杂性问题的方法，这种方法可以在现实中取得十分乐观的进展。它倡导向软件系统增加必要的复杂性：

- 层次化，通过分层的模块或者对象；
- 增量化，使系统可以持续地运行。

Ⓢ Harel 的分析

David Harel，在1992年的论文“批评银弹”(Biting the Silver Bullet)中，对已发表的“没有银弹”进行了很多非常仔细的分析。[9]

悲观主义、乐观主义与现实主义。Harel同时阅读了“没有银弹”和1984年Parnas的文章“战略防卫系统的软件问题”(Software Aspects of Strategic Defense Systems[10])，认为它们“太过黯淡”。因此，他试图在论文“走向系统开发的光明未来”(Toward a Brighter Future for System Development)中展现其明亮的一面。Cox同Harel一样认为“没有银弹”一文过于悲观，他提出，“如果从一个新视点去观察相同的事情，你会得到一个更加乐观的结论。”他们的论调都有一些问题。

首先，我的妻子、同事和编辑发现我犯乐观主义错误的概率远远大于悲观主义。毕竟，我的从业背景是程序员，乐观主义是这个行业的职业病。

“没有银弹”一文明确地指出：“我们看看近10年来的情况，没有银弹的踪迹……怀疑论者并不是悲观主义者……虽然没有通天大道，但是路就在脚下。”它预言，如果1986年的很多创新能持续开拓和发展，实际上它们的共同作用就能使生产率获得数量级的提高。1986—1996年，10已经年过去了，这个预言即使说明了什么，那也是过于乐观，而不是过于悲观。

就算“没有银弹”总体看来有些悲观，那么到底存在什么问题呢？爱因斯坦关于任何物体运动的速度无法超过光速的论断是否过于“黯淡”或者“令人沮丧”？那么戈德尔关于某些事物无法计算的结论，又如何呢？“没有银弹”一文认为，“软件的特性本身导致了不大可能有任何的银弹。”Turski在IFIP大会上发表了一篇论文作为出色的回应，文中指出：

在所有被误导的科学探索中，最悲惨的莫过于对一种能够将一般金属变成金子的物质，即点金石的研究。这个由统治者不断地

> 投入金钱，被一代代的研究者不懈追求的、炼金术中至高无上的法宝，是一种从理想化想象和普遍假设中——以为事情会像我们所认为的那样——提取出的精华。它是人类纯粹信仰的体现，人们花费大量的时间和精力来认可和接受这个无法解决的问题。即使被证明是不存在的，那种寻找出路和希望能一劳永逸的愿望，依然十分强烈。而我们中的绝大多数总是很同情这些明知不可为而为之的人的勇气，因此它们总是能得以延续。所以，将圆形变方的论文被发表，抑制脱发的洗液被研制和出售，提高软件生产率的方法被提出并成功地推销。
>
> 我们太倾向于遵循我们自己的乐观主义(或者是发掘我们出资人的乐观主义)。我们太喜欢忽视真理的声音，而去听从万灵药贩卖者的诱惑了。[11]

我和Turski都坚持认为这个白日梦限制了发展，浪费了精力。

“消极”主题。Harel认识到“没有银弹”中的消极来自三个主题：

- 根本和次要问题的清晰划分；
- 独立地评价每个候选银弹；
- 仅仅预言了10年，而不是期望在足够长的时间内出现任何重大的进步。

第一个主题是整篇文章的主要观点。我仍然认为上述划分对于理解为什么软件难以开发的原因是绝对关键的。对于应该做出哪些方面的改进，它也是十分明确的指南。

至于独立地考虑不同的候选银弹，“没有银弹”并非如此。各种各样的技术一个接一个地被提出，每一种都过分宣扬自身的效果。因此，依次独立地评估它们是非常公平的。我并不是对这些技术持反对态度，而是反对那种期望它们能起到魔术般作用的观点。Glass、Vessey和Conger 1992年在他们的论文中提供了充足的证据，指出对银弹的无谓研究仍未结束。[12]

关于选择10年还是40年作为预言的期限，选择较短的时间就等于承认我们并没有足够强的能力可以预见到10年以后的事情。我们中间有谁可以在1975年预见到20世纪80年代的微型计算机革命呢?

对于10年的期限，还有其他的一些原因：各种银弹都宣称它们能够立刻取得效果。我回顾了一下，发现没有任何一种银弹声称："向我的秘方投资，在10年后你将获得成功"。另外，硬件的性价比可能每10年就会有成百倍的增长，尽管这种比较不是很合适，但是直觉上的确如此。我们确信会在下一个40年中取得稳步的发展。不过，以40年为代价取得数量级的进展，很难被认为是不可思议的进步。

Harel想象的试验。Harel建议了一种想象的试验，他假设"没有银弹"是发表在1952年，而不是1986年，不过表达的论断相同。他使用反证法来证明将根本和次要问题分开是不恰当的。

这种观点站不住脚。首先，"没有银弹"一开始就声称，20世纪50年代的程序开发中曾占支配地位的次要困难如今已经不存在了，并且消除这些困难已经得到了数量级的改善。将辩论推回到40年前是不合理的，在1952年，甚至很难想象开发的次要问题不会占据开发工作的主要部分。

其次，Harel所设想的20世纪50年代行业所处状态是不准确的：

> 当时已经不是构建大型复杂系统的时代，程序员的工作模式已

经成为只需执行有限算法工作的常规个人程序的开发(在现代的编程语言中，大概是100～200行代码)。在已有技术和方法学的前提下，这些任务是令人恐怖的，处处都是错误、故障以及延误完成时间。

接着，他阐述了在传统的小型个人程序中，那些假设的错误、故障以及延误完成时间如何在接下来的25年中得到数量级的改进和提高。

事实上，20世纪50年代该领域并不是小型个人程序的天下。在1952年，Univac还在使用大约8人开发的复杂程序处理1950年的人口普查。[13]其他机器则用于化学动力学、中子漫射计算和导弹性能计算等。[14]汇编语言、重定位的链接和装载程序、浮点解释系统等，还经常被使用。[15] 1955年，人们开发50～100人年的商用程序。[16] 1956年，通用电气在路易斯维尔的设备工厂使用着超过80 000指令的薪资系统。1957年，SAGE ANFSQ/7防空计算机系统已经运转了两年，这个系统分布在30个不同的地点，是拥有75 000条语句的基于通信、自消除故障的热备实时系统。[17]因此，几乎无法坚持说个人程序的技术革命，能够用来描述1952年以来的软件工程上的努力。

银弹就在这里。 Harel接着提出了他自己的银弹，一种称为“香草(Vanilla)框架”的建模技术。文中并没有对该方法提供足够评估的详细描述，不过给出了一些论文和参考资料。[18]建模所针对的确实是软件开发的根本困难，即概念性要素的设计和调试，因此香草框架有可能是革命性的。我也希望如此。Ken Brooks在报告中提到，其在实际工作中应用时的确是一种颇有帮助的方法学。

不可见性。Harel强烈地主张软件的许多概念性要素本质上是拓扑的，这些关系可以用空间/图形方式来表达：

> 使用适当的可视化图形可以给工程师和程序员带来可观的成效。而且，这种效果并不仅仅局限于次要问题，开发人员思考和探索的质量也得到了改进。未来的成功系统的开发将围绕着可视化图形的表达方式。首先，我们会使用“合适的”实体和关系来形成概念，然后将它表达成一系列逐步完善的模型，不断系统化地阐明和再阐明概念。模型用若干可视化语言的适当组合来描述，它必须是多种语言的组合，因为系统模型具有若干方面的内容，每方面像变戏法般产生不同类型的思维图像。
>
> ……就使自己成为良好可视化的表达方式而言，建模过程的某些方面并不会立刻出现改观。例如，变量和数据结构上的算法操作可能还会采用文字性描述。

我和Harel的观点颇为一致。我认为软件要素并不存在于三维空间中，因此并不存在概念性设计到图形的简单映射，无论是两维还是更多维。他承认，我也同意——这需要多种图形，每种图形覆盖某个特定的方面，而且有些方面无法用图形来表达。

Harel采用图形来辅助思考和设计的热情彻底地感染了我。我一直喜欢向准程序员提问：“下个11月在哪儿？”如果觉得问题过于模糊，接着我会问：“告诉我，你自己关于时间历法的模型。”优秀程序员具有很强的空间想象能力，他们常常有时间的几何模型，而且通常无须考虑，就能理解第一个问题。他们往往拥有高度个性化的模型。

Ⓢ Jones 的观点——质量带来生产率

Capers Jones最开始在一系列备忘录里，而后在一本书里，提出了颇有洞察力的观点。很多和我有书信往来的人向我提到了他的观点，“没有银弹”如同当时的很多文章，关注于生产率——单位输入对应的软件产出。Jones提出：“不。关注质量，生产率自然会随之提高。”[19] 他认为，很多代价高昂的后续项目投入了大量的时间和精力来寻找和修复规格说明、设计和实现上的错误。他提供的数据显示了缺乏系统化质量控制和进度灾难之间的密切关系。我认同这些数据。不过，Boehm指出，如果一味地追求完美质量，生产率就会像IBM的航天飞机软件一样再次下降。

Coqui也提出相似的主张：系统化软件开发方法的发展是为了解决质量问题(特别是避免大型的灾难)，而不是出于生产率方面的考虑。

> 但是注意，20世纪70年代，在软件生产上应用工程原理的目标是提高软件产品的质量、可测试性、稳定性以及可预见性，而不是软件产品的开发效率。
>
> 在软件生产上应用工程原理的驱动力是其担心因拥有无法控制的“艺术家”而可能导致巨大的灾难，他们往往对异常复杂系统的开发承担责任。[20]

Ⓢ 那么，生产率的情形如何

生产率数据。生产率数据非常难以定义、测量和寻找。Capers Jones相信两个相隔10年、完全等同的COBOL程序，一个采用结构化方法开发，另一个不使用结构化方法，它们之间的差距是3倍。

Ed Yourdon说："由于工作站和软件工具，我看到人们的工作获得了5倍的提高。" Tom DeMarco认为："你的期望——10年内，由于所有的技术而使生产率得到数量级的提高——太乐观了。我没有看到任何机构取得数量级的进步。"

塑料薄膜包装的成品软件——购买，而非开发。我认为，1986年"没有银弹"中的一个估计被证实是正确的："我相信，这个大众市场是……软件工程领域意义最深远的开发方向。"从学科的角度说，不管与内部还是外部客户软件的开发相比，大众市场软件都几乎是一个崭新的领域。软件包的销量一旦达到百万或者即使只是几千，这时关键的支配性问题就变成了质量、时机、产品性能和支持成本，而不再是对于客户系统异常关键的开发成本。

创造性活动的强大工具。提高信息管理系统(MIS)编程人员生产率最戏剧化的方法是到一家计算机商店去，购买理应由他们开发的商业成品。这并不荒唐可笑。价格低廉、功能强大的薄膜包装软件已经能满足要求，而以前这会要求进行定制软件包的开发。与复杂的大型产品工具相比，它们更加像电锯、电钻和砂磨机。把它们组合成兼容互补的集合，像Microsoft Works和集成更好的Claris Works一样，能够带来巨大的灵活性。另外，像供人们使用的组合工具箱，其中的某些工具会经常被使用。这种工具必须注重使用时的方便，而不是专业。

Ivan Selin，美国管理系统公司主席，曾在1987年写信给我：

我有些怀疑你的关于软件包没有真正地改变很多……的观点。我觉得你太过轻易地抛开了你的观察所蕴含的事实；你观察到——［软件包］“可能比以前更加通用和容易定制一些，但并不太多。”即使我表面上接受了这种论述，但是我仍然相信用户会察觉到软件包更加通用和易于定制化，这种感觉也使用户更容易接受软件包。在我公司所发现的大多数情况中，是［最终］用户，而不是软件人员不愿意使用软件包，因为他们认为会失去必要的特性或功能。因此，对他们而言，易于定制是一个非常大的卖点。

我认为Selin是十分正确的——我低估了软件包客户化的程度和它的重要性。

Ⓢ 面向对象编程——这颗铜质子弹可以吗

使用更大的零件来构建。本章开始的描述提醒我们，当很多零件需要装配，而且每个零件可能很复杂时，如果它们的接口设计得很流畅，大量丰富的结构就能快速地组合在一起。

面向对象编程的第一个特征是，强制的模块化和清晰的接口。其次，它强调了封装，即外界无法看到组件的内部结构；它还强调了继承和伴随着的层次化类结构以及虚函数。面向对象还强调了强抽象数据类型化，它确保某种特定的数据类型只能由自身的相应函数来操作。

现在，无须使用整个Smalltalk或者C++的软件包，就可以获得这些特点中的任意一个——其中一些甚至出现在面向对象技术之前。面向对象方法吸引人的地方类似于复合维生素药丸：一次性(即编程人员的再培训)得到所有的好处。面向对象是一种非常有前途的概念。

面向对象技术为什么发展缓慢？“没有银弹”发表后的9年中，对面向对象技术的期望稳步增长。为什么增长得如此缓慢呢？是因为理论。James Coggins已经在《C++的报告》(*The C++ Report*)做了4年“The Best of comp.lang.C++”专栏的作者，他进行了这样的解释：

> 问题是OO的程序员经历了很多错综复杂混乱的应用，他们所关注的是低层次的抽象，而不是高层次的抽象。例如，他们开发了很多像链表或集合这样的类，而不是用户接口、射线束或者有限元素模型。遗憾的是，C++中帮助程序员避免错误的强类型检查，使得从小型事物中构建大型物体变得非常困难。[21]

他回归到基本的软件问题，主张一种解决软件不能满足要求的方法，即通过客户的参与和协作来提高脑力劳动的规模。他赞同自上而下的设计：

> 如果我们设计大粒度的类，关注用户已经接触的概念，则在进行设计的时候，他们能够理解设计并提出问题，并且可以帮助设计测试用例。我的眼科客户并不关心堆栈，他们关心描述眼角膜形状的勒让德多项式。在这方面，小规模的封装带来的好处比较少。

David Parnas的论文是面向对象概念的起源之一，他用不同的观点看这个问题。他写信给我：

> 答案很简单。因为OO和各种复杂语言的联系已经很紧密。人

们并没有被告诉OO是一种设计的方法，并向他们讲授设计方法和原理，大家只是被告知OO是一种特殊工具。而我们可以用任何工具写出优质或低劣的代码。除非我们给人们讲解如何设计，否则语言所起的作用非常小。结果人们使用这种语言做出不好的设计，没有从中获得多少价值。而一旦获得的价值太少，它就不会流行。

先行投入资金，后期获得收益。面向对象技术包含了很多方法学上的进步。面向对象技术的前期投入很多——主要是重新培训程序员用很新的方法进行思考，同时还要把函数打造成通用的类。我认为它的优势是客观存在的，并非仅仅是推测。面向对象在整个开发周期中得到了应用，但是真正的获益只有在后续开发、扩展和维护活动中才能体现出来。Coggins说：“面向对象技术不会加快首次或第二次的开发，产品族中第五个项目的开发将会异乎寻常的迅速。”[22]

为了预期中的、但有些不确定的收益，冒着风险投入资金是投资人每天在做的事情。不过，在很多软件公司，这需要真正的管理勇气，一种比技术竞争力或者优秀管理能力更少有的精神。我认为极度的前期投入和收益的推后是使OO技术应用迟缓的最大原因。即使如此，在很多机构，C++仍毫无疑问地取代了C。

Ⓢ 重用的情况怎样

解决软件构建根本困难的最佳方法是不进行任何开发。软件包只是实现上述目标的方法之一，另外的方法是程序重用。实际上，易于重用类和通过继承方便地定制是面向对象技术最吸引人的地方。

事情常常就是这样。当某人在新的做事方法上取得了一些经验，新模式就不再像一开始那么简单了。

当然，程序员经常重用他们自己的手头工作。Jones提到：

大多数有丰富经验的程序员都拥有自己的私人开发库，使用大约30%的重用代码来开发软件。公司级别的重用能提供70%的重用代码量，它需要特殊的开发库和管理支持。公司级别的重用代码也意味着需要对项目中的变更进行统计和度量，从而提高重用的可信程度。[23]

W. Huang建议用责任专家的矩阵管理来组织软件工厂，培养每个人重用自己的代码的日常工作习惯。[24]

JPL的Van Snyder向我指出，数学软件领域有着软件重用的长期传统：

我们推测重用的障碍不在生产者一边，而在消费者一边。如果一个软件工程师，潜在的标准化软件构件消费者，觉得寻找能满足他需要的构件进行验证比自行编写的代价更加昂贵时，重复的构件就会产生。注意我们上面提到的“觉得”。它和重新开发的真正投入无关。

数学软件上重用成功的原因有两个：①它很晦涩难懂，每行代码需要大量高智商的输入；②存在丰富的标准术语，也就是用数学来描述每个构件的功能。因此，重新开发数学软件构件的成本很高，而查找现有构件功能的成本很低。数学软件界存在一些长期的传统——例如，专业期刊出版和搜集算法，用适度成本提供算法，出于商业考虑开发的高质量算法(尽管成本有些高，但依旧适度)等——使查找和发现满足某人需要的构件比其他的很多领域都要容易。其他领域有时甚至不可能简洁地提出明确的要求。这些因素合在一起，使数学软件的重用比重新开发更有吸引力。

同样的原因，在很多其他领域中也可以发现相同的重用现象，如那些为核反应、天气模型、海洋模型开发软件的代码编制工作。这些领域都是在相同的课本和标准概念下逐步发展起来的。

现在公司级别的重用情况如何? 在这方面有大量的研究。美国国内的实践相对较少，有报道声称在国外重用较多。[25]

Jones报告，在他公司的客户中，所有拥有5 000名以上程序员的机构都进行正式的重用研究，而拥有500名以下程序员的组织，只有不到10%着手重用研究。[26]报告指出，最具有重用潜质的企业中，重用性研究(而非部署)“是活跃和积极的，即使没有完全成功”。Ed Yourdon报告，有一家马尼拉的软件公司，200名程序员中有50名从事供其他人使用的重用模块的开发，“我所见到的个案非常少——是由于诸如奖励结构等机构上的因素而进行重用研究，而不是技术上的原因。”

DeMarco告诉我，大众市场软件包提供了数据库系统等通用功能，充分地减轻了压力，减少了处在重用模块边缘的开发。“不管怎样，重用的模块一般是一些通用功能。”

Parnas写道:

重用是一件说起来容易，做起来难的事情。它同时需要良好的设计和卓越的文档。即使我们看到了非常罕见的优秀设计，但如果没有好的文档，我们也不会看到能重用的构件。

关于通用化的可行性，Ken Brooks也指出了一些当中存在的困难：“即使在第五次使用我自己的个人用户界面库的时候，我还是在不断地进行修改。”

真正的重用似乎才刚刚开始。Jones报告，在开放市场上仅有少量的重用代码模块，它们的价格是常规开发成本的1%～20%。[27] DeMacro说：

> 对整个重用现象，我变得有些气馁。对于重用，现有理论几乎是整体缺乏。时间证明了要使模块能够重用，其成本非常高。

Yourdon估计了这个高昂的费用：“一个良好的经验法则是，可重用的构件的工作量是‘一次性’构件的两倍。”[28]在第1章的讨论中，我观察到了真正产品化构件所需的成本。因此，我对工作量比率的估计是3倍。

显然，我们正在看到很多重用的形式和变化，但离我们所期望的还较远，还有很多需要学习的地方。

Ⓢ 学习大量的词汇——对软件重用的一个可预见但还没有被预言的问题

思索的层次越高，所需要处理的基本思考要素也就越多。因此，编程语言比机器语言更加复杂，而自然语言的复杂程度更高。高级语言有更广泛的词汇量、更复杂的语法以及更加丰富的语义。

作为一个科目，我们并没有就程序重用的实际情况，仔细考虑它蕴含的意义。为了提高质量和生产率，我们需要通过经过调试的大型要素来构建系统。在编程语言中，这些函数的级别远远高于语句。所以，无论采用对象类库还是程序库的方式，我们必须面对编程词汇规模彻底扩大的事实。对于重用，词汇学习并不是思维障碍中的一小部分。

现在人们拥有成员超过3 000个的类库。很多对象需要10 ~ 20个参数和可选变量的说明。如果想获得所有潜在的重用，任何使用类库编程的人员必须学习其成员的语法(外部接口)和语义(详细的功能行为)。

这项工作并不是没有希望的。一般人日常使用的词汇超过了10 000个，受过教育的人远多于这个数目。另外，我们在自然而然地学习着语法和非常微妙的语义。我们可以正确地区分**巨大、大、辽阔、大量**和**庞大**。人们不会说：庞大的沙漠或者辽阔的大象。

对软件重用问题，我们需要研究适当的学问，了解人们如何拥有语言。一些经验教训是显而易见的：

- 人们在上下文中学习，因此我们需要出版一些复合产品的例子，而不仅仅是零部件的库；
- 人们只会记忆背诵单词，而语法和语义是在上下文中通过使用逐渐地学习的；
- 人们根据语义的分类对词汇组合规则进行分组，而不是通过比较对象子集。

Ⓢ 子弹的本质——形势没有发生改变

现在，我们回到基本问题。复杂性是我们这个行业的属性，而且复杂性是我们主要的限制。R. L. Glass在1988年精确地总结了我在1995年的看法：

又怎么样呢？Parnas和Brooks不是已经告诉我们了吗？软件开发是一件棘手的事情，前方并不会有魔术般的解决方案。现在是从业者研究和分析革命性进展的时候，而不是等待或希望它出现。

软件领域中的一些人发现这是一幅使人泄气的图画。他们是那些依然认为突破近在眼前的人们。

但是我们中的一些——那些非常固执，以至于认为我们是现实主义者的人——把它看成是清新的空气。我们终于可以将焦点集中在更加可行的事情上，而不是空中的馅饼。现在，有可能，我们可以在软件生产率上取得逐步的进展，而不是等待不大可能到来的突破。[29]

第 18 章

《人月神话》的观点：是与非

我们理解也好，不理解也好，描述都应该简短、精炼。

——塞缪尔·勃特勒，《休迪布拉斯》

1967年布鲁克斯正在提出预言

资料来源：Photo by J. Alex Langley for *Fortune Magazine*

现在我们对软件工程的了解比1975年要多得多了。那么在1975年版本的《人月神话》中，哪些观点得到了数据和经验的支持？哪些观点被证明是不正确的？又有哪些观点随着世界的变化，显得陈旧过时了呢？为了帮助判断，我将1975年书籍中的论断毫无更改地抽取出来，以摘要的形式列举在下面——我认为是正确的，是客观事实和经验中推广的法则。你也许会问："如果这些就是那本书讲的所有东西，为什么要花这么大的篇幅来论述呢？"方括号中的评论是新版的新增内容。

所有这些观点都是可操作验证的，我以刻板的形式表达是希望能引起读者的思考、判断和讨论。

Ⓢ 第 1 章　焦油坑

1. 编程系统产品开发的工作量是供个人使用的、独立开发的构件程序的9倍。我估计软件构件产品化引起了3倍工作量，将软件构件整合成完整系统所需要的设计、集成和测试又强加了3倍的工作量，这些高成本的构件在根本上是相互独立的。

2. 编程行业"满足我们内心深处的创造渴望和愉悦所有人的共有情感"，其提供了5种乐趣：

- 创建事物的快乐；
- 开发对其他人有用的东西的乐趣；
- 将可以活动、相互啮合的零部件组装成类似迷宫的东西，这个过程所体现出令人神魂颠倒的魅力；
- 面对不重复的任务，不断学习的乐趣；
- 工作在如此易于驾驭的介质上的乐趣——纯粹的思维活动——其存在、移动和运转方式完全不同于实际物体。

3. 同样，这个行业具有一些内在固有的苦恼：

- 将做事方式调整到追求完美是学习编程的最困难部分；
- 由其他人来设定目标，并且必须依靠自己无法控制的事物(特别是程序)；权威不等同于责任；
- 实际情况看起来要比这点好一些：真正的权威来自于每次任务的完成；
- 任何创造性活动都伴随着枯燥艰苦的劳动，编程也不例外；
- 人们通常期望项目在接近结束时，软件项目能收敛得快一些，然而，情况却是越接近完成，收敛得越慢；
- 产品在完成前总面临着陈旧过时的威胁；只有实际需要时，才会用到最新的设想。

Ⓢ 第 2 章　人月神话

1. 缺乏合理的时间进度是造成项目滞后的最主要原因，它比其他所有因素的总和影响还大。

2. 良好的烹饪需要时间，某些任务无法在不损害结果的情况下加快速度。

3. 所有的编程人员都是乐观主义者：“一切都将运作良好”。

4. 由于编程人员通过纯粹的思维活动来开发，我们期待在实现过程中不会碰到困难。

5. 但是，我们的构思本身是有缺陷的，因此总会有bug。

6. 围绕着成本核算的估计技术，混淆了工作量和项目进展。**人月是危险和带有欺骗性的神话，因为它暗示人员数量和时间是可以相互替换的。**

7. 在若干人员中分解任务会引发额外的沟通工作量——培训和相互沟通。

8. 关于进度安排，我的经验是1/3计划、1/6编码、1/4构件测试以及1/4系统测试。

9. 作为一门学科，我们缺乏数据估计。

10. 我们对自己的估计技术不确定，因此在管理和客户的压力下，我们常常缺乏坚持的勇气。

11. Brooks法则：为进度落后的项目增加人手，只会使进度更加落后。

12. 向软件项目中增派人手从三个方面增加了项目必要的总体工作量：任务重新分配本身和所造成的工作中断；培训新人员；额外的相互沟通。

第3章 外科手术队伍

1. 同样有两年经验而且在受到同样培训的情况下，优秀的专业程序员的生产率是较差的程序员的10倍(Sackman、Erickson和Grant)。

2. Sackman、Erickson和Grant的数据显示，经验和实际表现之间没有相互联系，我怀疑这种现象是否普遍成立。

3. 小型、精干队伍是最好的——思绪尽可能少。

4. 两个人的团队，其中一个是领导者，常常是最佳的人员使用方法(留意一下上帝对婚姻的设计)。

5. 对于真正意义上的大型系统，小型精干的队伍太慢了。

6. 实际上，绝大多数大型编程系统的经验显示，一拥而上的开发方法是高成本、速度缓慢、低效的，开发出的产品无法进行概念上的集成。

7. 一位首席程序员、类似于外科手术队伍的团队架构提供了一种方法——既能获得由少数头脑产生的产品完整性，又能得到多位协助人员的总体生产率，还彻底地减少了沟通的工作量。

Ⓢ 第 4 章　贵族制、民主制和系统设计

1. “概念完整性是系统设计中最重要的考虑因素。”

2. “功能与理解上的复杂程度的比值才是系统设计的最终测试标准”，而不仅仅是丰富的功能。(该比值是对易用性的一种测量，由简单应用和复杂应用共同验证。)

3. 为了获得概念完整性，设计必须由一个人或者具有共识的小型团队来完成。

4. “对于非常大型的项目，将体系结构方面的工作与具体实现相分离是获得概念完整性的强有力方法。”(其同样适用于小型项目。)

5. “如果要得到系统概念上的完整性，就必须有人控制这些概念。这实际上是一种无需任何歉意的贵族专制统治。”

6. 纪律、规则对行业是有益的。外部的体系结构规定实际上是增强，而不是限制实现小组的创造性。

7. 概念上统一的系统能更快地开发和测试。

8. 体系结构(architecture)、设计实现(implementation)、物理实现(realization)的许多工作可以并行。(软件和硬件设计同样可以并行。)

Ⓢ 第 5 章　第二系统效应

1. 尽早交流和持续沟通能使架构师有较好的成本意识，使开发人员获得对设计的信心，并且不会混淆各自的责任分工。

2. 架构师如何成功地影响实现：

- 牢记是开发人员承担创造性的实现责任；架构师只能提出建议。
- 时刻准备着为所指定的说明建议一种实现的方法，准备接受任何其他可行的方法。
- 对上述建议保持低调和平静。
- 准备对所建议的改进放弃坚持。
- 听取开发人员在体系结构上改进的建议。

3. 第二个系统是人们所设计的最危险的系统，通常的倾向是过分地进行设计。

4. OS/360是典型的画蛇添足的例子。(Windows NT似乎是20世纪90年代的例子。)

5. 为功能分配一个字节和微秒的优先权值是一个很有价值的规范化方法。

Ⓢ 第 6 章　传递消息

1. 即使是大型的设计团队，设计结果也必须由一个或两个人来完成，以确保这些决定是一致的。

2. 必须明确定义体系结构中与先前定义不同的地方，重新定义的详细程度应该与原先的说明一致。

3. 出于精确性的考虑，我们需要形式化地设计定义；同样，我们需要记叙性定义来加深理解。

4. 必须采用形式化定义和记叙性定义中的一种作为标准，另一种作为辅助措施；它们都可以作为表达的标准。

5. 设计实现，包括模拟仿真，可以充当一种体系结构的定义；这种方法有一些严重的缺点。

6. 直接整合是一种强制推行软件的结构性标准的方法。(硬件上也是如此——考虑内建在ROM中的Mac WIMP接口。)

7. “如果起初至少有两种以上的实现，(体系结构)定义会更加整洁和规范。”

8. 允许体系架构师对实现人员的询问做出电话应答解释是非常重要的，并且必须进行日志记录和整理发布。(电子邮件是现在可选的介质。)

9. “项目经理最好的朋友就是他每天要面对的对手——独立的产品测试机构/小组。”

Ⓢ 第 7 章　为什么巴别塔会失败

1. 巴别塔项目的失败是因为缺乏交流以及交流的结果——组织。

交流

2. “因为左手不知道右手在做什么，从而进度灾难、功能的不合理和系统缺陷纷纷出现。”由于存在对其他人的各种假设，团队成员之间的理解开始出现偏差。

3. 团队应该以尽可能多的方式进行相互之间的交流：非正式地进行简要技术陈述的常规项目会议，共享的正式项目工作手册[以及通过电子邮件]。

项目工作手册

4. 项目工作手册“不是独立的一篇文档，它是对项目必须产生的一系列文档进行组织的一种结构”。

5. “项目所有的文档都必须是该[工作手册]结构的一部分。”

6. 需要尽早和仔细地设计工作手册结构。

7. 事先制定良好结构的工作手册“可以将后来书写的文字放置在合适的章节中”，并且可以提高产品手册的质量。

8. “每一个团队成员应该了解所有的材料(工作手册)。”(我现在想说的是，每个团队成员应该能够看到所有材料，网页即可满足要求。)

9. 实时更新是至关重要的。

10. 工作手册的使用者应该将注意力集中在上次阅读后的变更以及关于这些变更重要性的评述上。

11. OS/360项目工作手册开始采用的是纸介质，后来换成了微缩胶片。

12. 今天(即使在1975年)，共享的电子手册是能达到所有这些目标的、更好的、更加低廉的、更加简单的机制。

13. 仍然需要用变更条和修订日期[或具备同等功能的方法]来标记文字；仍然需要后进先出(LIFO)的电子化变更小结。

14. Parnas强烈地认为使每个人看到每件事的目标是完全错误的；各个部分应该被封装，从而没有人需要或者被允许看到其他部分的内部结构，只需要了解接口。

15. Parnas的建议的确是灾难的处方。(Parnas让我认可了该观点，使我彻底地改变了想法。)

组织架构

16. 团队组织的目标是为了减少必要的交流和协作量。

17. 为了减少交流，组织结构包括了人力划分(division of labor)和限定职责范围(specialization of function)。

18. 传统的树状组织结构反映了权力的结构原理——不允许双重领导。

19. 组织中的交流是网状，而不是树状结构，因此所有的特殊组织机制(往往体现为组织结构图中的虚线部分)都是为了进行调整，以克服树状组织结构中交流缺乏的困难。

20. 每个子项目具有两个领导角色——制作人，技术总监或架构师。这两个角色的职责有很大的区别，需要不同的技能。

21. 两种角色的任意组合都可以是非常有效的：

- 制作人和技术总监是同一个人；
- 制作人作为总指挥，技术总监充当其左右手；
- 技术总监作为总指挥，制作人充当其左右手。

第 8 章　胸有成竹

1. 仅仅通过对编码部分时间的估计，然后乘以其他部分的相对系数，是无法得出对整项工作的精确估计的。

2. 构建独立小型程序的数据不适用于编程系统项目。

3. 程序开发随程序规模的大量增长而增长。

4. 一些发表的研究报告显示，指数约为1.5(**Boehm的数据并不完全一致，在1.05和1.2之间变化**[1])。

5. Portman的ICL数据显示，相对于其他活动，全职程序员仅将50%的时间用于编程和调试。

6. Aron的IBM的数据显示，生产率是系统各个部分交互的函数，在1.5千代码行/人年至10千代码行/人年的范围内变化。

7. Harr的Bell实验室数据显示，对于已完成的产品，操作系统类的生产率大约是0.6千LOC/人年，编译类工作的生产率大约为2.2千LOC/人年。

8. Brooks的OS/360数据与Harr的数据一致：操作系统0.6～0.8千LOC/人年，编译器2～3千LOC/人年。

9. Corbató的MIT项目MULTICS数据显示，在操作系统和编译器混合类型上的生产率是1.2千LOC/人年，但这些是PL/I的代码行，而其他所有的数据是汇编代码行。

10. 在基本语句级别，生产率看上去是一个常数。

11. 当使用适当的高级语言时，程序编制的生产率可以提高5倍。

Ⓢ 第 9 章　削足适履

1. 除了运行时间以外，程序所占据的内存空间也是主要开销。特别是对于操作系统，它的很多程序是永久驻留在内存中的。

2. 即便如此，花费在驻留程序所占据内存上的金钱仍是物有所值的，比其他任何在配置上投资的效果都要好。规模本身不是坏事，但不必要的规模是不可取的。

3. 软件开发人员必须设立规模目标，控制规模，发明一些减少规模的方法——就如同硬件开发人员为减少元器件所做的事情一样。

4. 规模预算不仅仅在占据内存方面是明确的，同时还应该指明程序对磁盘的访问次数。

5. 规模预算必须与分配的功能相关联；在指明模块大小的同

时，确切定义模块的功能。

6. 在大型团队中，各个小组倾向于不断地局部优化，以满足自己的目标，而较少考虑对用户的整体影响。这种方向性的问题是大型项目的主要危险。

7. 在整个实现的过程期间，系统架构师必须保持持续的警觉，确保连贯的系统完整性。

8. 从系统整体出发以及面向用户的态度是软件编程管理人员最重要的职能。

9. 在早期应该制定策略，以决定用户可选项目的粗细程度，因为将它们作为整体打包能够节省内存空间(常常还可以节约市场成本)。

10. 暂存区空间的尺寸以及每次磁盘访问的程序数量是很关键的决策，因为性能是规模的非线性函数。(这个整体决策已显得过时——起初是由于虚拟内存，后来则是成本低廉的内存。现在的用户通常会购买能容纳主要应用程序所有代码的内存。)

11. 为了取得良好的空间—时间折中，开发队伍需要得到特定的某种语言或者机型的编程技能培训，特别是在使用新语言或者新机器时。

12. 编程需要技术积累，每个项目需要自己的标准组件库。

13. 库中的每个组件需要有两个版本，运行速度较快和短小精炼的。(现在看来，这有些过时了。)

14. 精炼、充分和快速的程序往往是战略性突破的结果，而不仅仅是技巧上的提高。

15. 这种突破常常是一种新型算法。

16. 更普遍的是，战略上的突破常来自于对数据或表的重新表达。数据的表现形式是编程的根本。

第 10 章 提纲挈领

1. “前提：在一片文件的汪洋中，少数文档成为关键的枢纽，每个项目管理的工作都围绕着它们运转。它们是经理们的主要个人工具。”

2. 对于计算机硬件开发项目，关键文档是目标、手册、进度、预算、组织机构图、空间分配以及机器本身的报价、预测和价格。

3. 对于大学科系，关键文档类似于目标、课程描述、学位要求、研究报告、课程表和课程的安排、预算、教室分配、教师和研究生助手的分配。

4. 对于软件项目，要求是相同的：目标、用户手册、内部文档、进度、预算、组织机构图和工作空间分配。

5. 因此，即使是小型项目，项目经理也应该在项目早期对上述的一系列文档进行规范化。

6. 以上集合中每一个文档的准备工作都将注意力集中在思索和对讨论的提炼上，而书写这项活动需要上百次的细小决定。正是由于它们的存在，人们才能从令人迷惑的现象中得到清晰、确定的策略。

7. 对每个关键文档的维护提供了状态监督和预警机制。

8. 每个文档本身就可以作为检查列表或者数据库。

9. 项目经理的基本职责是使每个人都向着相同的方向前进。

10. 项目经理的主要日常工作是沟通，而不是做出决定；文档使各项计划和决策在整个团队范围内得到交流。

11. 只有一小部分管理人员的时间——可能只有20%——用来从自己头脑外部获取信息。

12. 出于这个原因，广受吹捧的市场概念—— 支持管理人员的“完全信息管理系统”并不基于反映管理人员行为的有效模型。

Ⓢ 第 11 章　未雨绸缪

1. 化学工程师已经认识到无法一步将实验室工作台上的反应过程移到工厂中，需要一个试验性工厂(pilot plant)来为提高产量和在缺乏保护的环境下运作提供宝贵经验。

2. 对于编程产品而言，这样的中间步骤同样是必要的，但是软件工程师在着手发布产品之前，却并不会常规地进行试验性系统的现场测试。(现在，这已经成为一项普遍的实践，beta版本不同于有限功能的原型，alpha版本同样是我所倡导的实践。)

3. 第一个开发的系统对于大多数项目并不合用。它可能太慢、太大，而且难以使用，或者三者兼而有之。

4. 系统的丢弃和重新设计可以一步完成，也可以一块块地实现，但这是必须完成的步骤。

5. 将开发的第一个系统——丢弃原型——发布给用户，可以获得时间，但是它的代价高昂——对于用户，使用极度痛苦；对于重新开发的人员，分散了精力；对于产品，影响了声誉，即使最好的再设计也难以挽回名声。

6. 因此，为舍弃而计划，无论如何，你一定要这样做。

7. “开发人员交付的是用户满意程度，而不仅仅是实际的产品。”(Cosgrove)

8. 用户的实际需要和用户感觉会随着程序的构建、测试和使用而变化。

9. 软件产品易于掌握的特性和不可见性，导致它的构建人员(特别容易)面临着永恒的需求变更。

10. 目标上(和开发策略上)的一些正常变化无可避免，事先为它们做准备总比假设它们不会出现要好得多。

11. 为变更而计划软件产品的技术，特别是拥有细致的模块接口文档的结构化编程广为人知，但并没有相同规模的实践。尽可能地使用表驱动技术同样是有所帮助的。(现在内存的成本和规模使这项技术越来越出众。)

12. 高级语言的使用、编译时操作、通过引用的声明整合和自文档技术能减少变更引起的错误。

13. 采用定义良好的数字化版本将变更量子(阶段)化(当今的标准实践)。

为变更计划组织架构

14. 程序员不愿意为设计书写文档，不仅仅是因为惰性，更多的是源于设计人员的踌躇 要为自己尝试性的设计决策进行辩解。

15. 为变更组建团队比为变更进行设计更加困难。

16. 只要管理人员和技术人才的天赋允许，老板必须对他们的能力培养给予极大的关注，使管理人员和技术人才具有互换性；特别是希望在技术和管理角色之间自由地分配人手的时候。

17. 具有两条晋升线的高效组织机构存在一些社会性的障碍，人们必须警惕并积极地同它做持续的斗争。

18. 很容易为不同的晋升线建立相互一致的薪水级别，但同等威信的建立需要一些强烈的心理措施：相同的办公室、一样的支持以及技术调动的优先补偿。

19. 组建外科手术队伍式的软件开发团队是对上述问题所有方

面的彻底冲击。对于灵活组织架构问题，这的确是一个长期行之有效的解决方案。

前进两步，后退一步——程序维护

20. 程序维护基本上不同于硬件的维护；它主要由各种变更组成，如修复设计缺陷，新增功能，或者是使用环境或配置变换引起的调整。

21. 对于一个广泛使用的程序，其维护总成本通常是开发成本的40%或更多。

22. 维护成本受用户数目的影响。用户越多，所发现的错误也越多。

23. Campbell指出了一个显示产品生命期中每月bug数的有趣曲线，其先是下降，然后上升。

24. 缺陷修复总会以20%～50%的概率引入新的bug。

25. 每次修复之后，必须重新运行先前所有的测试用例，确保系统不会以更隐蔽的方式被破坏。

26. 能消除、至少是能指明副作用的程序设计方法，对维护成本有很大的影响。

27. 同样，实现设计的人员越少、接口越少，产生的错误也就越少。

前进一步，后退一步——系统熵随时间增加

28. Lehman和Belady发现，模块数量随大型操作系统(OS/360)版本号的增加呈线性增长，但是模块随版本号指数的增长而受到影响。

29. 所有修改都倾向于破坏系统的架构，增加了系统的混乱程度(熵)。即使是最熟练的软件维护工作，也只是延缓了系统退化到不可修复的混乱状态的进程，以致必须要重新进行设计。(许多程序升级的真正需要，如性能等，尤其会冲击它的内部结构边界。原有边界引发的不足常常在日后才会出现。)

Ⓢ 第 12 章　干将莫邪

1. 项目经理应该制定一套策略，并为通用工具的开发分配资源；与此同时，他还必须意识到专业工具的需求。

2. 开发操作系统的队伍需要自己的目标机器，进行调试开发工作。相对于最快的速度而言，它更需要最大限度的内存，还需要安排一名系统程序员，以保证机器上的标准软件是及时更新和实时可用的。

3. 同时还需要配备调试机器或者软件，以便在调试过程中，所有类型的程序参数可以被自动计数和测量。

4. 目标机器的使用需求量是一种特殊曲线：刚开始使用率非常低，突然出现爆发性的增长，接着趋于平缓。

5. 同天文工作者一样，大部分系统调试工作总是在夜间完成。

6. 抛开理论不谈，一次分配给某个小组的连续的目标时间块被证明是最好的安排方法，比不同小组的穿插使用更为有效。

7. 尽管技术不断变化，这种采用时间块来安排匮乏计算机资源的方式仍能够延续20年(在1975年)，这是因为它的生产率最高。(在1995年依然如此。)

8. 如果目标机器是新产品，就需要一个目标机器的逻辑仿真装置。这样，可以更快地得到辅助调试平台。即使在真正机器出现之后，仿真装置仍可提供可靠的调试平台。

9. 主程序库应该被划分成：①一系列独立的私有开发库；

②正处在系统测试下的系统集成子库；③发布版本。正式的分离和进度提供了控制。

10. 在编制程序的项目中，节省最大工作量的工具可能是文本编辑系统。

11. 系统文档中的巨大容量产生了新的不易理解问题[例如，看看Unix]，但是它比大多数未能详细描述编程系统特性的短小文章更加可取。

12. 自上而下、彻底地开发一个性能仿真装置。尽可能早地开始这项工作，仔细地听取 “它们表达的意见”。

高级语言

13. 只有懒散和惰性会妨碍高级语言和交互式编程的广泛应用。(如今，它们已经在全世界使用。)

14. 高级语言不仅提高了生产率，还改进了调试：bug更少，而且更容易寻找。

15. 传统的反对意见——功能、目标代码的尺寸、目标代码的速度，随着语言和编译器技术的进步已不再成为问题。

16. 现在可供系统编程合理选择的语言是PL/I(不再正确)。

交互式编程

17. 某些应用上，批处理系统决不会被交互式系统所替代(依然成立)。

18. 调试是系统编程中较慢和较困难的部分，而漫长的调试周转时间是调试的祸根。

19. 有限的数据表明，系统软件开发中，交互式编程的生产率至少是原来的两倍。

Ⓢ 第 13 章 整体部分

1. 第4、5、6章所意味的煞费苦心、详尽体系结构工作不但使产品更加易于使用，而且使开发更容易进行且bug更不容易产生。

2. Vyssotsky提出，“许许多多的失败完全源于那些产品未精确定义的地方。”

3. 在编写任何代码之前，规格说明必须提交给外部测试小组，以详细地检查说明的完整性和明确性。开发人员自己无法完成这项工作。(Vyssotsky)

4. “10年内(1965—1975年)，Wirth自上而下地进行设计(逐步细化)将会是最重要的新型形式化软件开发方法。”

5. Wirth主张，在每个步骤中，都尽可能地使用级别较高的表达方法。

6. 好的自上而下的设计从四个方面避免了bug。

7. 有时必须回退，推翻顶层设计，重新开始。

8. 结构化编程中，程序的控制结构仅由支配代码块(相对于任意的跳转)的给定集合所组成。这种方法很好地避免了bug，是一种正确的思考方式。

9. Gold的试验结果显示，在交互式调试过程中，第一次交互取得的工作进展是后续交互的3倍。这实际上获益于在调试开始之前仔细地调试计划。(我认为，在1995年依然会如此。)

10. 我发现对良好(对交互式调试做出快速反应)系统的正确使用，往往要求每两小时的终端会话对应于两小时的桌面工作：1小时会话后的清理和文档工作；1小时为下一次计划变更和测试。

11. 系统调试(相对于单元测试)所花费的时间会比预料的更长。

12. 系统调试的困难程度证明了需要一种完备系统化和可计划的方法。

13. 系统调试仅仅应该在所有部件能够运作之后开始。(这既不同于为了查出接口bug所采取的“合在一起尝试”的方法，也不同于在所有构件单元的bug已知但未修复的情况下，即开始系统调试的做法。对于多个团队尤其如此。)

14. 开发大量的辅助调试平台和测试代码是很值得的，代码量甚至可能有测试对象的一半。

15. 必须有人对变更和版本进行控制和文档化，团队成员应使用开发库的各种受控拷贝来工作。

16. 系统测试期间，一次只添加一个构件。

17. Lehman和Belady出示了证据，变更的阶段(量子)要么很大，间隔很宽；要么小且频繁。后者很容易变得不稳定。[Microsoft(微软)的一个团队使用了非常小而频繁的阶段(量子)。结果每天晚上都需要重新编译生成增长中的系统。]

Ⓢ 第 14 章　祸起萧墙

1. “项目是怎样被延迟了整整一年时间的……一次一天。”

2. 一天一天的进度落后比起重大灾难更难以识别，更不容易防范和更加难以弥补。

3. 根据一个严格的进度表来控制大型项目的第一个步骤是制定进度表，进度表由里程碑和日期组成。

4. 里程碑必须是具体的、特定的和可度量的事件，能进行清晰的定义。

5. 如果里程碑定义得非常明确，以至于无法自欺欺人时，程序员很少会就里程碑的进展弄虚作假。

6. 对于大型开发项目中的估计行为，政府的承包商所做的研究显示：每两周进行仔细修订的活动时间估计，随着开始时间的临近不会有太大的变化；期间内对时间长短的过高估计，会随着活动的进行持续下降；过低估计直到计划的结束日期之前大约三周左右，才会有所变化。

7. 慢性进度偏离是士气杀手。[微软的Jim McCarthy说："如果你错过了一个最终期限，确保完成下一条最终期限。"[2]]

8. 同优秀的棒球队伍一样，进取对于杰出的软件开发团队是不可缺少的必要品德。

9. 不存在关键路径进度的替代品，使人们能够辨别计划偏移的情况。

10. PERT的准备工作是PERT图使用中最有价值的部分。它包括了整个网状结构的展开、任务之间依赖关系的识别和各个任务链的估计。这些都要求在项目早期进行非常专业的计划。

11. 第一份PERT图总是很恐怖，不过人们总是不断努力，运用才智来制定下一份PERT图。

12. PERT图为那个使人泄气的借口——"其他的部分反正会落后"提供了答案。

13. 每个老板同时需要采取行动的异常信息以及用来进行分析和早期预警的状态数据。

14. 状态的获取是困难的，因为下属经理有充分的理由不提供信息共享。

15. 老板的不良反应肯定会对信息的完全公开造成压制；相反，仔细区分状态报告、毫无惊慌地接收报告、决不越俎代庖，将能鼓励诚实的汇报。

16. 必须有评审机制，使所有成员可以通过它了解真正的状态。出于这个目的，里程碑的进度和完成文档是关键。

17. Vyssotsky：“我发现在里程碑报告中很容易记录‘计划(老板的日期)’和‘估计(最基层经理的日期)’的日期。项目经理必须停止对估计日期的怀疑。”

18. 对于大型项目，一个对里程碑报告进行维护的计划和控制小组是非常可贵的。

Ⓢ 第 15 章　另外一面

1. 对于软件编程产品来说，程序向用户所呈现的面貌——文档，与提供给机器识别的内容同样重要。

2. 即使是完全开发给自己使用的程序，描述性文字也是必需的，因为它们会被用户-作者所遗忘。

3. 培训和管理人员基本上没有向编程人员成功地灌输对待文档的积极态度——文档能在整个生命周期对克服懒惰和进度的压力起促进和激励作用。

4. 这样的失败并不都是因为缺乏热情或者说服力，而是没能正确地展示如何有效和经济地编制文档。

5. 大多数文档只提供了很少的总结性内容。必须放慢脚步，稳妥地进行。

6. 由于关键的用户文档包含了与软件相关的基本决策，因此它的绝大部分需要在程序编制之前书写，它包括了9项内容(参见相应章节)。

7. 每一份发布的程序拷贝应该包括一些测试用例，其中一部分用于校验输入数据，一部分用于边界输入数据，另一部分用于无效的输入数据。

8. 对于必须修改程序的人而言，他们需要程序内部结构文档，同样要求一份清晰明了的概述，它包括了5项内容(参见相应章节)。

9. 流程图是被吹捧得最过分的一种程序文档。详细逐一记录的流程图是一件令人生厌的事情，而且高级语言的出现使它显得陈旧过时。(流程图是图形化的高级语言。)

10. 如果这样，很少有程序需要一页纸以上的流程图。(在这一点上，MILSPEC军用标准文档需求错得很离谱。)

11. 即使的确需要一张程序结构图，也并不需要遵照ANSI的流程图标准。

12. 为了使文档易于维护，将它们合并至源程序是至关重要的，而不是作为独立文档进行保存。

13. 最小化文档担负的三个关键思路：

- 借助那些必须存在的语句，如名称和声明等，来附加尽可能多的“文档”信息；
- 使用空格和格式来表现从属和嵌套关系，提高程序的可读性；
- 以段落注释，特别是模块标题的形式，向程序中插入必要的记叙性文字。

14. 程序修改人员所使用的文档中，除了描述事情如何，还应阐述它为什么那样。对于加深理解，目的是非常关键的，即使是高级语言的语法，也不能表达目的。

15. 在线系统的高级语言(应该使用的工具)中，自文档化技术发现了它的绝佳应用和强大功能。

Ⓢ 第 1 版结束语

1. 软件系统可能是人类创造中最错综复杂的事物(从不同类型组成部分数量的角度出发)。

2. 软件工程的焦油坑在将来很长一段时间内仍然会使人们举步维艰，无法自拔。

第 19 章

20 年后的《人月神话》

只能根据过去判断将来。

——帕特里克·亨利

然而永远无法根据过去规划将来。

——埃德蒙·伯克

《急流勇进》(*Shooting the Rapids*)

资料来源：The Bettman Archive

Ⓢ 为什么要出版20周年纪念版本

飞机划破夜空，嗡嗡地飞向纽约的拉瓜迪亚机场。所有的景色都隐藏在云层和黑暗之中。我正在看一篇平淡无奇的文档，不过并没有感到厌烦。紧挨着我的一位陌生人正在阅读《人月神话》。我在旁边一直等待着，看他是否会通过文字或者手势做出反应。最后，当我们向舱门移动时，我无法再等下去了：

“这本书如何？你有什么想法吗？”

“噢！这里面的东西我早就知道。”

此刻，我决定不介绍自己。

为什么《人月神话》得以持续？为什么看上去它仍然和现在的软件实践相关？为什么它还拥有软件工程领域以外的读者群，律师、医生、社会学家、心理学家和软件人员一样，不断地对这本书提出评论意见，引用它，并和我保持通信？20年前的一本关于30年前软件开发经验的书，如何能够依然和现实情况相关？更不用说有所帮助了。

我常听到的一个解释是软件开发学科没有正确地发展。人们经常通过比较计算机软件开发生产率和硬件制造生产率来支持这个观点，后者在20年内至少翻了1 000倍。正像第16章所解释的，反常的并不是软件发展得太慢，而是计算机硬件技术以一种与人类历史不相配的方式爆发出来。大体上这源于计算机制造从装配工业向流水线工业、从劳动密集型向资金密集型的逐渐过渡。与生产制造相比，硬件和软件开发保持着固有的劳动密集型特性。

第二个经常提及的解释——《人月神话》仅仅是顺便提及了软件，而主要针对团队中的成员如何创建事物。这种说法的确有些道理。1975年版本的前言中提到，软件项目管理并不像大多数程序员起初所认为的那样，而更加类似于其他类型的管理。现在，我依然认为这是正确的。人类历史是一个舞台，总是上演着相同的故事。随着文化的发展，这些故事的剧本变化非常缓慢，而舞台的布局却在随时改变。正是如此，我们发现20世纪本身会反映在莎士比亚、荷马的作品和《圣经》中。因此，某种程度上，《人月神话》是关于人与团队的书，所以它的淘汰过程会是缓慢的。

不管出于什么原因，读者仍然在购买这本书，并且常给我发一些致谢的评论。现在，我常常被问到："你现在认为哪些在当时就是错误的？哪些是现在才过时的？哪些是软件工程领域中新近出现的？"这些独特的问题都很好，我将尽最大的能力来回答它们。不过，不以上述顺序，而是按照一系列主题来答复。首先，让我们考虑那些在写作时就正确，且现在依然成立的部分。

Ⓢ 核心观点——概念完整性和架构师

概念完整性。一个整洁、优雅的编程产品必须向它的每位用户提供一个条理分明的概念模型，这个模型描述了应用、实现应用的方法以及用来指明操作和各种参数的用户界面使用策略。用户所感受到的产品概念完整性是易用性中最重要的因素。(当然还有其他因素。Macintosh上所有应用程序界面的统一就是一个重要的例子。此外，有可能建立统一的接口，尽管它可能很粗糙，就像MS-DOS。)

有很多由一个或者两个人设计的优秀软件产品例子。大多数纯智力作品，如书籍、音乐等都是采用这种方式创作出来的。不过，很多产业的产品开发过程无法负担这种获取概念完整性的直接方法。竞争压力产生了紧迫性，很多现代工艺的最终产品是非常复杂的，它们的设计需要很多人月的工作量。软件产品十分复杂，在进度上的竞争也异常激烈。

任何规模很大或者非常紧急，并需要很多人力的项目，都会碰到一个特别的困难：必须由很多人来设计，与此同时，还需要在概念上与单个使用人员保持一致。如何组织设计队伍来获得上述的概念完整性？这是《人月神话》关注的主要问题。其中一点：由于参与人数的不同，大型编程项目与小型项目的管理在性质上是不同的。为了获得一致性，经过深思熟虑的，有时甚至是英勇的管理活动是完全必要的。

架构师。从第4章到第7章，我一直在不断地表达一个观点——委派一名产品架构师是最重要的行动。架构师负责产品所有方面的概念完整性，这些是用户能实际感受到的。架构师开发用于向用户解释使用的产品概念模型，概念模型包括所有功能的详细说明以及调用和控制的方法。架构师是这些模型的所有者，同时也是用户的代理。在不可避免地对功能、性能、规模、成本和进度进行平衡时，其卓有成效地体现用户的利益。这个角色是全职工作，只有在最小的团队中，才能和团队经理的角色合并。架构师就像电影的导演，而经理类似于制片人。

将体系结构和设计实现、物理实现相分离。为了使架构师的关键任务更加可行，有必要将用户所感知的产品定义——体系结构，与它的实现相分离。体系结构和实现的划分在各个设计任务中形成了清晰的边界，边界两边都有大量的工作。

架构师方案的重用。对于大型系统，即使所有实现方面的内容都被分离出去，一个人也无法完成所有体系结构的工作。所以，有必要由一位主架构师把系统分解成子系统，系统边界应该划分在使子系统间接口最小化和最容易严格定义的地方。每个部分拥有自己的架构师，他必须就体系结构向主架构师汇报。显然，这个过程可以根据需要重复递归地进行。

今天，我比以往更加确信：概念完整性是产品质量的核心。拥有一位架构师是迈向概念完整性最重要的一步。这个原理绝不仅限于软件系统，它适用于任何复杂事物的设计，如计算机、飞机、战略防御系统和全球定位系统等。在软件工程实验室进行20次以上的讲授之后，我开始坚持每4名学生组成的小组就选择不同的经理和架构师。在如此小的队伍中定义截然不同的角色可能有点极端，但我仍然发现这种方法即使对小型团队也运作良好，并且促进了设计的成功。

Ⓢ 开发第二个系统所引起的后果——盲目的功能和频率猜测

为大型用户群设计。个人计算机革命的一个结果是，至少在商业数据处理领域中，客户应用程序越来越多地被商用软件包所代替。而且，标准软件包以成百上千，甚至是数百万复件的规模出售。源厂商支持性软件的系统架构师必须不断地为大型的不确定用户群，而不是为某个公司的单一、可定义的应用进行设计。许许多多的系统架构师现在面临着这项任务。

但自相矛盾的是，设计通用工具比设计专用工具更加困难，这是因为必须为不同用户的各种需要分配权重。

盲目的功能。对于如电子表格或字处理等通用工具的架构师，一个不断困扰他们的诱惑是以性能甚至是易用性为代价，过多地向产品添加边界实用功能。

功能建议的吸引力在初期阶段是很明显的，性能代价在系统测试时才会出现。而随着功能一点一点地增加，手册慢慢地变厚，易用性损失以不易察觉的方式蔓延。[1]

对幸存和发展了若干代的大众软件产品，这种诱惑特别强烈。数百万的用户需要成百上千的功能特色，任何需求本身就是一种“市场需要它”的证明。而常见的情况是，原有的系统架构师得到了嘉奖，正工作在其他岗位或项目上，而现在负责体系结构的架构师，在均衡表达用户的整体利益方面往往缺乏经验。一个对Microsoft Word 6.0的近期评价声称：“Word 6.0对功能特性进行了打包，通过包缓慢地更新……Word 6.0同样是大型和慢速的。”有点令人沮丧的是——Word 6.0需要4MB内存，丰富的新增功能意味着“甚至Macintosh IIfx都不能胜任Word 6的任务”。[2]

定义用户群。用户群越大和越不确定，就越有必要明确地定义用户群，以获得概念完整性。设计队伍中的每个成员对用户都有一幅假想的图像，并且每个设计者的图像都是不同的。架构师的用户图像会有意或者无意地影响每个结构决策，因此有必要使设计队伍共享一幅相同的用户图像。这需要把用户群的属性记录下来，包括：

- 他们是谁；
- 他们需要(need)什么；
- 他们认为自己需要(need)什么；
- 他们想要(want)的是什么。

频率。对于任何软件产品，任何用户群属性实际上都是一种概率分布，每个属性具有若干可能的值，每个值有自己的发生频率。架构师如何成功地得到这些发生频率？对并未清晰定义的对象进行调查是一种不确定和成本高昂的做法。[3]经过很多年，我现在确信，为了得到完整、明确和共享的用户群描述，架构师应该猜测(guess)或者假设(postulate)一系列完整的属性和频率值。

这种不是很可靠的过程有很多好处。首先，仔细猜测频率的过程会使架构师非常细致地考虑对象用户群。其次，把它们写下来一般会引发讨论，这能够起到解释的作用，并澄清不同设计人员对用户图像认识上的差异。另外，明确地列举频率能帮助大家认识到哪些决策依赖于哪些用户群属性。这种非正式的敏感性分析也是颇有价值的。当某些非常重要的决策需要取决于一些特殊的猜测时，很值得为那些数值花费精力来取得更好的估计。(Jeff Conklin开发的gIBIS提供了一种工具，能精确和正式地跟踪设计决策和文档化每个决策的原因。[4]我还没有机会使用它，但是我认为它应该非常有帮助。)

总结：为用户群的属性明确地记载各种猜测。清晰和错误都比模糊不清好得多。

“开发第二个系统所引起的后果(second-system effect)”是什么？一位敏锐的学生说，《人月神话》推荐了一剂对付灾难的处方：计划发布任何新系统的第二个版本(第11章)，第二个系统在第5章中被认为是最危险的系统。我不得不说，他上当了。

这实际上是语言引起的差异，现实情况并非如此。第5章中提到的“第二个”系统是第二个实际系统，它是引入了很多新增功能和修饰的后续系统。第11章中的“第二个”系统指开发第一个实际系统所进行的第二次尝试。它在所有的进度、人员和范围约束下开发，这些约束刻画了项目的特征，形成了开发准则的一部分。

Ⓢ 图形界面的成功

在过去的几十年间，软件开发领域中令人印象最深刻的进步是窗口(Windows)、图标(Icons)、菜单(Menus)、指针选取(Pointing)界面的成功——或者简称为WIMP。这些在今天是如此的熟悉，不需要做任何解释。这个概念首先在1968年西部联合计算机大会(Western Joint Computer Conference)上，由斯坦福研究机构(Stanford Research Institute)的Doug Englebart与他的团队公开提出。[5]接着，这种思想被Xerox Palo Alto Research Center所采纳，用在了由Bob Taylor和他的团队所开发的Alto个人工作站中。Steve Jobs在Apple Lisa型计算机中应用了该理念，不过Apple Lisa运行速度太慢，无法承载这个令人激动的易用性概念。后来，在1985年，Jobs在取得商业成功的Apple Macintosh机器上体现了这些想法。接下来，它们被IBM PC及其兼容机的Microsoft Windows所采用。我自己的例子则是Mac版本。[6]

通过类比获得的概念完整性。WIMP是一个充分体现了概念完整性的用户界面的例子，完整性的获得是通过采用大家非常熟悉的概念模型——对桌面的比喻和一致、细致的扩展，后者充分发挥了计算机的图形化实现能力。例如，窗口采用覆盖，而不是排列的方式，这直接来自类比。尽管这种方法成本很高，但却是正确的决定。计算机图形介质提供了对窗口尺寸和形状的调整，这是一种保持一致概念的延伸，给用户提供了新的处理能力，桌面上的文件是无法轻易地调整大小和改变形状的；拖放功能则直接出自模仿，使用指针来选择图标是对人用手拾起东西的直接模拟；图标和嵌套文件来源于桌面的文档，回收站也是如此；剪切、复制和粘贴则完全反映了我们使用桌面文档的一些习惯；我们甚至可以通过向回收站拖放磁盘的图标来弹出磁盘——象征手法是如此的贴切，扩展是如此的连贯一致，新用户常常会被它所体现出的理念打动。如果界面不是如此一致，甚至自相矛盾，效果就没有那么明显了。

哪些地方使WIMP界面远远超越了桌面的比喻？主要是在两个方面：菜单和单手操作。在真正的桌面上工作时，人们实际上是操作文档，而不是叫某人来完成这些动作。当要求他人进行某个活动时，常常是引发新的指令，而不是选择一个口头或者书面祈使句："请将这个归档""请找出前面的信件""请把这个交给Mary去处理"。

无论是手写还是口头的命令，现有的处理能力还无法对自由产生的命令形式进行可靠的翻译和解释。所以，界面设计人员从用户对文档的直接动作中删除了上面提到的两个步骤。他们非常聪明地从桌面文档操作中选取了一些常用命令，形成了类似于公文的"便条"，用户只需从一些语义标准的强制命令菜单中进行选择。这个概念接着被延伸到有垂直下拉子菜单的水平菜单中。

命令表达和双光标问题。命令是祈使句，它们通常都有一个动词和直接宾语。对于任何动作，必须指定一个动词和一个名词。对事物选取的直接模仿要求：使用屏幕上不同的两个光标，同时指定两件事物。每个光标分别由左右手中的鼠标来控制。毕竟，在实际的桌面上，我们通常使用两只手来操作。(不过，一只手常常是将东西固定在某处，这一点在计算机桌面是默认的情况。)而且，我们当然具备双手操作的能力，我们习惯上使用双手来打字、驾驶和烹饪。但是，提供一个鼠标已经是个人计算机制造商向前迈进的一大步，没有任何商业系统可以容纳由双手分别控制的两只鼠标同时进行的动作。[7]

界面设计人员接受了现实，为一只鼠标设计。设计人员采用的句法习惯是首先指出(选择)名词，接着指出动词——一个菜单项。这确实牺牲了很多易用性。当我看到用户、用户录像或者计算机跟踪光标移动时，我立刻对一个光标必须完成两件事而感到惊讶：选择窗口上桌面部分的一个对象，再选择菜单部分的一个动词；寻找或者重新寻找桌面上的一个对象，接着，拉下菜单(常常是同一个)选择一个动词。光标来来往往、周而复始地从数据区移到菜单区，每一次都丢弃了一些有用的位置信息，如“上次在这个空间的什么地方”。总而言之，这是一个低效的过程。

一个卓越的解决方案。即使软件和器材可以很容易地实现两个同时活动的光标，也仍然存在一些空间布局上的困难。WIMP象征手法中的桌面实际上包括了一个打字机，它必须在实际桌面的物理空间中容纳一个物理键盘。键盘加上两个鼠标垫会占据大量双手所及的空间。不过，键盘问题实际上是一个机会——为什么不用一只手在键盘上指定动词，另一只手使用鼠标来指定名词，从而使高效的双手操作成为可能呢？这时，光标停留在数据区，为后续名词点击拾取提供了充分的空间活动能力。这是真正的高效，真正强大的用户功能。

用户功能和易用性。不过，这个解决方案舍弃了一些易用性——菜单提供了任何特定状态下的一些可选的有效动词。例如，我们可以购买某个商品，将它带回家，谨记购买的目的，遵照菜单上不同的动词略微试验一下，就可以开始使用，并不需要去查看手册。

软件架构师所面临的最困难的问题是如何确切地平衡用户功能和易用性。是为初学者或偶尔使用的用户设计能简单操作的功能，还是为专业用户设计强大的功能呢？理想的答案是通过概念一致的方式把两者都提供给用户——这正是WIMP界面所达到的目标。每个频繁使用的菜单动词(命令)都有一个快捷键，因此可以作为组合通过左手一次性地输入。例如，在Mac机器上，命令键()正好在Z和X键的下方，因此使用最频繁的操作被编码成z、x、c、v、s。

从新手向熟练用户的逐渐过渡。双重指定命令动词的系统不但满足了新手较低的需要，也满足了熟练用户对效率的需求，而且它在不同的使用模式之间提供了平滑的过渡。被称为**快捷键**的字符编码，显示在菜单上的动词旁边，因此没有把握的用户可以激活下拉菜单，检查对应的快捷键，而不是直接在菜单上选取。每个新手从他最常使用的命令中学习快捷键。z可以撤销任何单一操作，因此他可以尝试任何感到不确定的快捷键。另外，他可以检查菜单，以确定什么命令是有效的。新手会大量地使用菜单，而熟练用户几乎不使用，中间用户仅偶尔需要访问菜单，因为每个人都了解组成自己大多数操作的少数快捷键。我们中大多数的开发设计人员对这样的界面非常熟悉，对其优雅而强大的功能感到非常欣慰。

由于实施强制性的体系结构，可成功地实现设备的直接整合。Mac界面在另一个方面很值得注意。没有任何强迫，它的设计人员在所有的应用程序中使用标准界面，包括了大量的第三方所写的程序。这样用户在界面上获得的概念一致性不仅仅局限在机器所配备的软件方面，而且遍及所有的应用程序。

Mac设计人员把界面固化到只读内存中，使开发者使用这些界面比开发自己的特殊界面更容易和快速。这些获取一致性的措施得到了非常广泛的应用，可以形成实际的标准。苹果公司的管理投入和大量说服工作协助了这些措施。产品杂志中很多独立评论家，认识到了跨应用概念完整性的巨大价值，通过批评不遵从产品的反面例子，对上述方法进行了补充。

这是第6章中所推荐技术的一个非常杰出的例子，该技术通过鼓励其他人直接将某人的代码合并到自己的产品中来获得一致性，而不是试图根据某人的技术说明来开发自己的软件。

WIMP的命运：过时被淘汰。尽管WIMP有很多优点，我仍期望WIMP界面在下一代技术中成为历史。如同我们支配自己的机器一样，指针选取仍将是表达名词的方式，语音则无疑成为表达动词的方法。Mac上的Voice Navigator和PC上的Dragon已经提供了这种能力。

Ⓢ 没有构建舍弃原型——瀑布模型是错误的

一幅让人无法忘怀的图画，倒塌的塔科马大桥，开启了第11章。文中强烈地建议："为舍弃而计划。无论如何，你一定要这样做。"现在我认为这是错误的，并不是因为它太过极端，而是因为它太过简单。

在"未雨绸缪"一章(第11章)所体现的概念中，最大的错误是它隐含地假设了使用传统的顺序或者瀑布开发模型。该模型源自类似甘特图布局的阶段化流程，常常绘制成如图19-1所示的形状。Winton Royce在1970年的一篇经典论文中改进了顺序模型，他提出：

- 存在一些从一个阶段到前一个阶段的反馈；
- 将反馈限定在直接相邻的先前阶段，从而遏制它引起的成本增加和进度延迟。

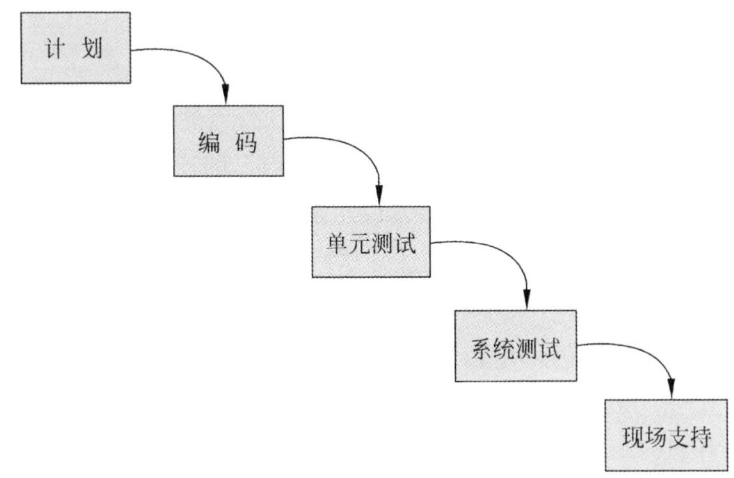

图19-1 软件开发的瀑布模型

他给开发者提出了“构建两次”的建议。[8]受到瀑布模型不良影响的并不只是第11章，而是从第2章的进度计划规则开始，贯穿了整本书。第2章中的经验法则分配了1/3的时间用于计划，1/6的时间用于编码，1/4的时间用于单元测试以及1/4的时间用于系统测试。

瀑布模型的基本谬误是它假设项目只经历一次过程，而且体系结构出色并易于使用，设计是合理可靠的，随着测试的进行，编码实现是可以修改和调整的。换句话说，瀑布模型假设所有错误发生在编码实现阶段，因此它们的修复可以很顺畅地穿插在单元和系统测试中。

“未雨绸缪”明确地迎面痛击了这个错误。它不是对错误的诊断，而是补救措施。现在，我建议应该一块块地丢弃和重新设计系统，而不是一次性地完成替换。就目前的情况而论，这没有问题，但它并没有触及问题的根本。瀑布模型把系统测试以及潜在地把用户测试放在构件过程的末尾。因此，只有在投入了全部开发投资之后，才能发现无法接受的性能问题、笨拙功能以及察觉用户的错误或不当企图。不错，Alpha测试对规格说明的详细检查是为了尽早地发现这些缺陷，但是对于实际参与的用户却没有对应的措施。

瀑布模型的第二个谬误是它假设整个系统一次性地被构建，在所有的设计、大部分编码、部分单元测试完成之后，才为闭环的系统测试合并各个部分。

瀑布模型，这个大多数人在1975年考虑的软件项目开发方法，不幸地被奉为军用标准DOD-STD-2167，作为所有国防部(DoD)军用软件的规范。所以，在大多数有见地的从业者认识到瀑布模型的不完备并放弃之后，它仍然得以幸存。幸运的是，DoD也已经慢慢察觉到这一点。[9]

必须存在逆向移动。就像本章开始图片中精力充沛的大马哈鱼一样，在开发过程“下游”的经验和想法必须跃行而上，有时会超过一个阶段，来影响“上游”的活动。

例如，设计实现会发觉有些体系结构的功能定义会削弱性能，因此体系结构必须重新调整。编码实现会发现一些功能会使空间剧增，超过要求，因此必须更改体系结构和设计实现。

所以，在把任何东西变成代码之前，可能要往复迭代两个或更多的“体系结构—设计”以实现循环。

Ⓢ 增量开发模型更佳——渐进地精化

构建闭环的框架系统

从事实时系统环境开发的Harlan Mills，早期曾提倡，我们首先应该构建实时系统的基本轮询回路，为每个功能提供子函数调用(占位符)，但仅仅是空的子函数(见图19-2)。对它进行编译、测试，可以使它不断运行。它不直接完成任何事情，但至少是正常运行的。[10]

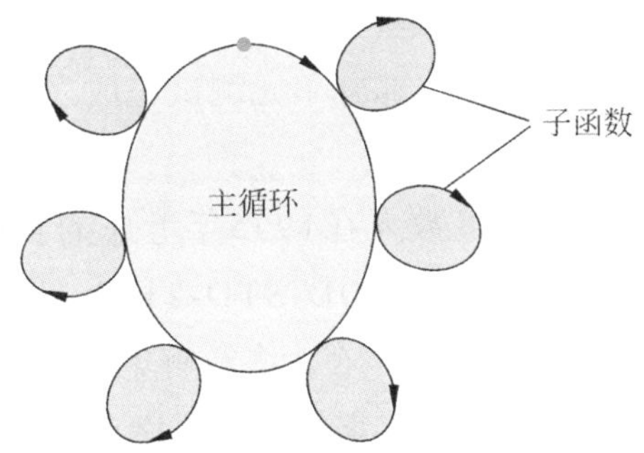

图19-2　实时系统的基本轮询回路

接着，我们添加(可能是基本的)输入模块和输出模块。瞧，一个可运行的系统出现了，尽管只是一个框架。然后，一个功能接一个功能，我们逐渐开发和增加相应的模块。**在每个阶段，我们都拥有一个可运行的系统**。如果我们非常勤勉，每个阶段就都会有一个经过调试和测试的系统。(随着系统的增长，使用所有先前的测试用例对每个新模块进行的回归测试也采用这种方式进行。)

在每个功能基本可以运行之后，我们一个接一个地精化或者重写每个模块——增量地开发(growing)整个系统。不过，我们有时的确需要修改原有的驱动回路，或者甚至是回路的模块接口。

我们在所有时刻都拥有一个可运行的系统，因此：

- 我们可以很早就开始用户测试；
- 我们可以采用按预算开发的策略，彻底保证不会出现进度或者预算超支的情况(以允许的功能牺牲作为代价)。

我曾在北卡罗来纳大学教授了22年的软件工程实验课，有时与

David Parnas一起。在这门课程中，通常4名学生的团队会在一个学期内开发某个真正的实时软件应用系统。大约过了一半时间，我转而教授增量开发的课程。我常常因为屏幕上第一幅图案、第一个可运行的系统对团队士气产生的鼓舞效果而感到震惊。

Parnas 产品族

在这整个20年的时间里，David Parnas曾是软件工程思潮的带头人。每个人对他的信息隐藏概念都很熟悉，但对他的另一个非常重要的概念——将软件作为一系列相关的产品族来设计[11]——相对了解得较少。Parnas力劝设计人员对产品的后期扩展和后续版本进行预测，定义它们在功能或者平台上的差异，搭建一棵相关产品的家族树(见图19-3)。

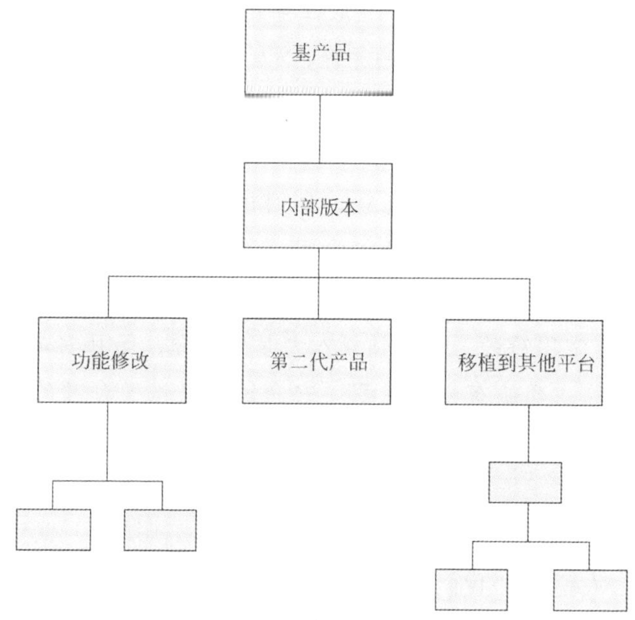

图19-3　产品家族树

设计类似一棵树的技巧是将那些不易于变化的设计决策放置在树的根部。

这样的设计策略使得模块的作用最大化。更重要的是，可以延伸相同的策略，使它不但可以包括发布产品，还包括以增量开发策略创建的后续中间版本。这样，产品可以通过它的中间阶段，以最低限度的回溯代价增长。

微软的“每晚重建”方法

James McCarthy向我描述了他的队伍和微软其他团队所使用的产品开发流程，这实际上是一种逻辑上的增量式开发。他说：

> 在我们第一次发布产品之后，我们会继续发布后续版本，向已有的可运行系统添加更多的功能。为什么最初的构建过程要不一样呢？因此，从我们第一个里程碑开始(第一次发布有三个里程碑)，我们每晚重建开发中的系统(以及运行测试用例)。该构建周期成了项目的“心跳”。每天，一个或多个程序员—测试员队伍提交若干具有新功能的模块。在每次重建之后，我们会获得一个可运行的系统。如果重建失败，我们将停止整个过程，直到找到问题所在并进行修复。在任何时间，团队中的每个人都了解项目的状态。
>
> 这是非常困难的。你必须投入大量的资源，而且它是一个规范化、可跟踪、开诚布公的流程。它向团队提供了自身的可信度，而可信度决定了团队的士气和情绪状态。

其他组织的软件开发人员对这个过程感到惊讶，甚至震惊。其中一个人说：“我们可以实现每周一次的重建，但是如果每晚一次的话，我想不大可能，工作量太大了。”这可能是对的。例如，Bell北方研究所就是每周重建1 200万行的系统。

增量式开发和快速原型

增量开发过程能使真正的用户较早地参与测试，那么它与快速原型之间的区别是什么呢？我认为它们既互相关联，又相互独立。各自可以不依赖对方而存在。

Harel将原型精彩地定义成：

> 仅仅反映了概念模型准备过程中所做的设计决策的一个程序版本，它并未反映受实现考虑所驱使的设计决策。[12]

构建一个完全不属于发布产品的原型是完全可能的。例如，可以开发一个界面原型，但是并不包含任何的实际功能，而仅仅是一个看上去履行了各个步骤的有限状态机。甚至可以通过模拟系统响应的向导技术来原型化和测试界面。这种原型化对获取早期的用户反馈非常有用，但是它和产品发布前的测试区别很大。

类似地，实现人员可能会着手开发产品的某一块，并完整地实现该部分的有限功能集合，从而尽早地发现性能上的潜在问题。那么，“从第一个里程碑开始构建”的微软流程和快速原型之间的差别是什么呢？是功能。第一个里程碑产品可能不包含足够的功能使任何人对它产生兴趣，而可发布的产品与定义中的一样，其在完整性上配备了一系列实用的功能集，在质量上它可以健壮地运行。

Ⓢ 关于信息隐藏，Parnas 是正确的，我是错误的

在第7章中，关于每个团队成员应该在多大程度上被允许和鼓励相互了解设计和代码的问题，我对两种方法进行了对比。在操作系统OS/360项目中，我们决定所有的程序员应该了解所有的材料——每名项目成员都拥有一份大约10 000页的项目工作手册拷贝。Harlan Mills颇有说服力地指出“编程是一个开放性的公共过程”。把所有工作都暴露在每个人的凝视之下，能够帮助质量控制，这既源于其他人优秀工作的压力，也由于同伴能直接发现缺陷和bug。

这个观点和David Parnas的观点形成了鲜明的对比。David Parnas认为，代码模块应该采用定义良好的接口来封装，这些模块的内部结构应该是程序员的私有财产，外部是不可见的。编程人员被屏蔽而不是暴露在他人模块的内部结构面前。在这种情况下，工作效率最高。[13]

我在第7章中并不认同Parnas的概念是“灾难的处方”。但是，Parnas是正确的，我是错误的。现在，我确信信息隐藏——现在常常内建于面向对象的编程中——是唯一提高软件设计水平的途径。

实际上，任何技术的使用都可能演变成灾难。Mills的技术是通过了解接口另一侧的情况，使编程人员能理解他们所工作的接口的详细语义。这些接口语义的隐藏曲解会导致系统的bug。另一方面，Parnas的技术在面对变更时是很健壮的，更加适合作为变更设计的理念。

第16章指出了下列情况：

- 过去在软件生产率上取得的进展大多数来自消除非内在的

困难，如笨拙的编程语言、漫长的批处理周转时间等；

- 像这些比较容易解决的困难已经不多了；
- 彻底的进展将来自对根本困难的处理——打造和组装复杂概念性结构要素。

最明显的实现这些的方法是，认为程序由比独立的高级语言语句——函数、模块或类等更大的概念结构要素组成。如果能对设计和开发进行限制，我们仅仅需要从已建成的集合中参数化这些结构要素，并把它们组装在一起，这样我们就能大幅度提高概念的级别，消除很多无谓的工作和大量语句级别错误的可能性。

Parnas的模块信息隐藏定义是研究项目中的第一步，它是面向对象编程的鼻祖。Parnas把模块定义成拥有自身数据模型和自身操作集的软件实体。它的数据仅仅能通过自己的操作来访问。第二步是若干思想家的贡献：把Parnas模块提升到抽象数据类型，从中可以派生出很多对象。抽象数据类型提供了一种思考和指明模块接口的统一方式，以及容易实施的规范化的访问方法。

第三步，面向对象编程引入了一个强有力的概念——继承，即类(数据类型)默认获得类继承层次中祖先的属性。[14]我们希望从面向对象编程中得到的最大收获实际上来自第一步，模块封装，以及预先建成的、为了重用而设计和测试的模块或者类库。很多人忽视了这样一个事实，即上述模块不仅仅是程序，某种意义上是我们在第1章中曾讨论过的编程产品。许多人希望大规模重用，但不付出构建产品级质量(通用、健壮、经过测试和文档化的)模块所需要的初始代价——这种期望是徒劳的。面向对象编程和重用在第16和17章中有所讨论。

Ⓢ 人月到底有多少神话色彩？Boehm的模型和数据

很多年来，人们对软件生产率和影响它的因素进行了大量的量化研究，特别是在项目人员配备和进度之间的平衡方面。

最充分的一项研究是Barry Boehm对63个软件项目的调查，其中大多数是航空项目和25个TRW公司的项目。他的《软件工程经济学》(*Software Engineering Economics*)不仅包括很多结果，还有一系列逐步推广的有价值的成本模型。尽管一般商业软件的成本模型和根据政府标准开发的航空软件成本模型中的系数肯定不同，不过他的模型使用了大量的数据来支撑。我想从现在起，这本书将会成为一代经典。

他的结果与《人月神话》的结论充分地吻合，即人力(人)和时间(月)之间的平衡远不是线性关系，使用人月作为生产率的衡量标准实际是一个神话。特别是他发现以下几个问题。[15]

- 第一次发布的成本最优进度时间，$T = 2.5(MM)^{1/3}$。即，月单位的最优时间是估计工作量(人月)的立方根，估计工作量则由规模估计和模型中的其他因子导出。最优人员配备曲线是由推导得出的。
- 当计划进度比最优进度长时，成本曲线会缓慢攀升。时间越充裕，所花费的时间就越长。
- 当计划进度比最优进度短时，成本曲线急剧升高。
- **无论安排多少人手，几乎没有任何项目能够在少于3/4的计算出的最优时间内获得成功！**当高级经理向项目经理要求不可能的进度担保时，这段结论可以充分地作为项目经理的理论依据。

Brooks准则有多准确？曾有很多细致的研究来评估Brooks法则的正确性。简言之，向进度落后的软件项目中添加人手只会使进度更加落后。最棒的研究发表在Abdel-Hamid和Madnick在1991年出版的一本颇有价值的书《软件项目动力学：一条完整的路》(*Software Project Dynamics*：*An Integrated Approach*)中。[16]书中提出了项目动态特性的量化模型。关于Brooks准则的章节提供了更详细的分析，指出了在各种假设的情况下，即何时添加多少人员将会产生什么样的结果。为了进行研究，作者扩展了他们自己一个中型规模项目的模型，假设新成员有学习曲线和需要额外的沟通和培训工作。他们得出结论："向进度落后的项目中添加人手总会增加项目的成本，但并不一定总会使项目更加落后。"特别地，由于新成员总会立刻带来需要数周来弥补的负面效应，所以在项目早期添加额外的人力比在后期添加更加安全一些。

Stutzke为了进行相似的研究，开发了一个更简单的模型，得出了类似的结果。[17]他对引入的新成员进行了详细的过程和成本分析，其中包括把他们的指导人员调离原有的项目任务。他在一个真正的项目上测试了自己的模型，在项目中期的一些偏移之后，他成功地添加了一倍人手，并且保证了原先的进度。相对于增加更多程序员，他还试验了其他的方法，特别是加班工作。在他的很多条实践建议中，最有价值的部分是如何添加新成员，进行培训，用工具来支持等。特别值得注意的是，他建议，开发项目后期增加的开发人员必须作为团队成员，愿意在过程中努力投入和工作，而不是企图改变或者改进过程本身！

Stutzke认为，在更大型的项目中，增加的沟通负担是次要作用，没有对它建模。至于Abdel-Hamid和Madnick是否或者如何考虑这个问题，则不是很清楚。上面提到的两个模型都没有考虑开发人员必须重新安排的事实，而在实际情况中，我发现这常常是一个非常重要的步骤。

这些细致的研究使“异常简化”的Brooks准则更加实用。作为平衡，我还是坚持这个简单的陈述作为最接近真理的经验法则——警告经理们避免对进度落后的项目盲目地采取本能的修补措施。

Ⓢ 人就是一切（或者说，几乎是一切）

很多读者发现很有趣的是，《人月神话》的大部分文章在讲述软件工程管理方面的事情，较少涉及技术问题。造成这种倾向的部分原因是我在IBM OS/360操作系统(现在是MVS/370)项目中角色的性质。更基本的是，这来自一个信念，即对于项目的成功而言，项目人员的素质、人员的组织和管理是比使用的工具或采用的技术方法更重要的因素。

随后的研究支持了上述观点。Boehm的COCOMO模型发现，目前，团队质量是项目成功最大的决定因素，实际上是下一个次重要因素的4倍。现在，软件工程的大多数学术研究集中在工具上。我很欣赏和期盼强大的工具，同样我也非常鼓励对软件管理动态特征——对人的关注、激励和培养——的持续研究。

人件。近年来，软件工程领域的一个重大贡献是DeMarco和Lister在1987年出版的书，《人件：高生产率的项目和团队》(*Peopleware*：*Productive Projects and Teams*)。它所表达的观点是：“我们行业的主要问题实质上更侧重于社会学(sociological)而不是科学技术(technological)。”它充满了很多精华，如“管理人员的职责不是要人们去工作，而是创造工作的可能。”它涉及了如空间、布置、团队的餐饮等世俗的主题。DeMarco和Lister在Coding War Games项目中提供的数据显示，相同组织中开发人员的表现之间，以及工作空间同生产率、缺陷水平之间存在令人吃惊的关联。

> 顶尖人员的空间更加安静、更加私人、保护得更好以免受打扰，还有很多……这对你真的很要紧吗……是否安静、空间和免受打搅能够帮助你的人员更好地完成工作，或者(换个角度)能帮助你吸引和留住更好的人员吗？[18]

我衷心地向我的读者推荐这本书。

项目转移。DeMarco和Lister对团队融合给予了相当大的关注。团队融合是一个无形的，却非常关键的特性。我观察到，很多地点分散的公司，把项目从一个实验室转移到另一个。我认为，其忽视了团队融合这个管理中非常重要的因素。

我的观察和经验局限在六七个项目转移中，其中没有一个是成功的。任务可以成功地转移，但是对于项目的转移，即使拥有良好的文档、先进的设计，以及保留部分原有人员，新队伍实际上依然是重新开始。我认为正是由于破坏了原有团队的整体性，导致产品雏形的夭折，项目重新开始。

Ⓢ 放弃权力的力量

如果人们认同我在文中多处提到的观点——创造力来自于个人，而不是组织架构或者开发过程，项目经理面临的中心问题就是如何设计架构和流程，来提高而不是压制主动性和创造力。幸运的是，这个问题并不是软件组织所特有的，一些杰出的思想家正努力地致力于这项工作。E. F. Schumacher在他的经典《小就是美：人们关心的经济学》(*Small is Beautiful*：*Economics as if People Mattered*)中，提出了最大化员工创造力和工作乐趣的企业组织理论。他的第一个原理引自Pope Pius XI教皇通谕(Quadragesimo Anno)中的“附属职能行使原理”：

> 向大型组织指派小型或者附属机构能够完成的职责是不公平的，同时也是正常次序的不幸和对它的干扰。对于每项社会活动，就其本质而言，应该配备对社会个体成员提供帮助，而不是去破坏和吸收它们……那些当权者应该确信遵守“附属职能行使”原理，能在各种各样的组织中维持更加完美的次序，从而使社会权威和社会效率获得进一步的提高，国家更加融洽和繁荣。[19]

Schumacher继续解释：

> 附属职能行使原理告诉我们——如果较低级别组织的自由和责任得以保留，中心权威实际上是得到了加强；其结果是，从整体而言，组织机构实际上将“更加融洽和繁荣”。
>
> 如何才能获得上述的架构……大型组织机构由很多准自治单元构成，我们称之为准公司。它们中的每一个都拥有足够的自由，来为创造性和企业家职能提供最大的可能机会……每个准公司同时具备盈亏账目和资产负债表。[20]

软件工程中最激动人心的进展是将上述组织理念付诸实践的早

期阶段。首先，微型计算机革命创造了新型的软件工业，出现了成百上千的新兴公司。所有这些小规模的公司最显著的是热情、自由和富有创造性。随着很多小型公司被大公司收购，这个产业正在发生着变化，而那些大公司是否理解保留小规模公司创造性的重要性尚待分晓。

更不寻常的是，一些大型公司的高层管理已经开始着手将一些权力下放到软件项目团队，使它们在结构和责任上接近于Schumacher的准公司。其运作的结果是令人欣喜和吃惊的。

微软的Jim McCarthy向我描述了他在解放团队方面的经验：

> 每个队伍(30～40人)拥有自己的任务、进度，甚至如何定义、构建、发布的过程。团队由4或5位专家组成，包括开发、测试和书写文档等。对争论进行仲裁的不是老板，而是团队。我简直无法形容授权和由团队对项目自行负责成功与否的重要性。

Earl Wheeler，IBM软件业务的退休主管，告诉我他着手下放IBM部门长期集权管理权力的经验：

> (近年来)关键的措施是将权力向下委派。改进的质量、提高的生产率和高涨的士气，这就像是魔术！我们的小型团队，没有中心控制。团队是流程的所有者，并且必须拥有一个流程。他们有不同的流程。他们是进度计划的所有者，但能感受到市场的压力。这种压力导致他们使用和利用自己的工具。

和团队成员个人的谈话，显示了他们对被委派的权力和自由的赞同，同时反映出真正的下放显得多少有些保守。不过，授权是朝着正确的方向迈出的一大步，它产生了如Pius XI所预言的好处：通过权力委派，中心的权威实际上是得到了加强；就整体而言，组织机构实际上更加融洽和繁荣。

Ⓢ 最令人惊讶的新事物是什么？数百万的计算机

每位我曾交谈过的计算机带头人都承认，他们对微型计算机革命和它引发的塑料薄膜包装软件产业感到惊讶。毫无疑问，这是继《人月神话》后30多年中最重要的改变。它对软件工程意味着很多。

微型计算机革命改变了每个人使用计算机的方式。Schumacher在30多年前，陈述了面对的挑战：

我们真正想从科学家和技术专家那里得到什么？我会回答，我们需要这样的方法和设备：

- 价格足够低廉，使几乎所有人都能够使用；
- 适用于小规模的应用；
- 满足人们对创造的渴望。[21]

这些正是微型计算机革命带给计算机产业和它的用户(现在已覆盖到普通公众)的杰出特性。一般人现在不但可以买得起自己的计算机，而且还可以负担30多年前只有国王的薪水才能买得起的软件。Schumacher的每个目标都值得仔细思考，每个目标达到的程度值得品评，尤其是最后一个。在一个一个的领域中，普通人同专家一样可以应用新的自我表达方法。

其他领域中进步的部分原因和软件创造相近——消除了次要的困难。例如，文书处理方式曾经是很僵化的，合并更改内容需要重新打字，成本和时间都比较高昂。一份300页的手稿，常常每

3～6个月就需要重新输入一遍。这中间，人们往往要不断地在文稿上做标记。另外，逻辑流程和语句韵律的修订很难进行。而现在，文书处理已经非常方便和流畅了。[22]

计算机同样给其他一些领域带来了相似的处理能力，绘画、制定计划、机械制图、音乐创作、摄影、摄像、幻灯、多媒体甚至是电子表格等。在这些领域，手工操作需要重新拷贝大量的未改变的部分，以便在上下文中区别修改情况。现在我们能享受这样的好处，即立刻对结果进行修订和评估，无须失去思维的连贯性，就像分时带给软件开发的好处一样。

同样，新的、灵活的辅助工具提高了创造力。以写作为例，我们现在拥有拼写检查、语法检查、风格顾问、目录生成系统以及对最终排版预览的能力。我们还没有意识到，唾手可得的百科全书或万维网上的无穷资源，对一个作家即兴搜索材料意味着什么。

最重要的是，当一件创造性工作刚刚成形时，工作介质的灵活性使得对不同的可选方案的探索变得容易。这实际上是一个量变引起质变的例子，即时间变化引起工作方式上的巨大变化。

绘图工具使建筑设计人员为每小时的创造性投资探究了更多的选择。计算机与合成器的互联，加上自动生成或者演奏乐谱的软件，使得人们更容易捕获创作的灵感。数字式相机和Adobe Photoshop一起，使原先在暗室中需要数小时才能完成的工作在几分钟内就可以完成。电子表格可以对大量“如果……那么……”的各种情况进行实验、比较。

最后，个人计算机的普遍存在导致了全新创造性活动介质的出现。Vannevar Bush在1945年提出的超文本，仅能在计算机上实现。[23]多媒体表现形式和体验更是如此——在个人计算机和大量价格低廉的软件出现以前，实现起来有太多的困难。并不便宜或普遍的虚拟环境系统，将成为另一个创造性活动的媒介。

微型计算机革命改变了每个人开发软件的方式。20世纪70年代的软件开发过程本身被微处理器革命和它所带来的科学技术进步所改变。很多软件开发过程的次要困难已被消除。快速的个人计算机现在是软件开发者的常规工具，周转时间的概念几乎成为了历史。如今的个人计算机不仅比1960年的超级计算机要快，而且它比1985年的Unix工作站还要快。所有这些意味着即使在最差的计算机上，编译也是快速的，而且大内存消除了基于磁盘链接所需要的等待时间。另外，符号表和目标代码可以在内存中保存，使高级别的调试无须重新编译。

在过去的20年里，我们几乎全部采用了分时作为构建软件的方法学。在1975年，分时才刚刚作为最常用的技术替换了批处理计算。网络使软件构建人员不仅可以访问共享文件，还可以访问强大的编译、链接和测试引擎。今天，个人工作站提供了计算引擎，网络主要提供了对文件的共享访问，这些文件将作为团队开发的工作产品。客户—服务器系统则使测试用例检入、开发和应用的共享访问更加简单。

同样，用户界面也取得了类似的进步。和一般的文本一样，WIMP界面对程序文本提供了更加方便、快捷的编辑方式。24行、72列的屏幕已经被整页甚至是双页的屏幕所取代，因此程序员可以看到更多的其所做更改的上下文信息。[24]

Ⓢ 全新的软件产业——塑料薄膜包装的成品软件

在传统软件产业的旁边，爆发了另一个全新的产业。产品以成千上万，甚至是数百万的规模销售。整套内容丰富的软件包可以以低于1个支持程序员1个人天的成本获得。这两个产业在很多方面都不同，它们共同存在。

传统软件产业。1975年，软件产业拥有若干可识别的但多少有些差异的组成部分，如今它们依然存在。

- 计算机提供商：提供操作系统、编译器和一些实用程序；
- 应用程序用户：如公共事业单位、银行、保险公司和政府机构等，它们为自己使用的软件开发应用程序包；
- 定制程序开发者：为用户开发私用软件包，这类承包商大多数工作在国防项目上，这些项目的需求、标准和行销步骤都是与众不同的；
- 商业包开发者：那个时候是为专业市场开发大型应用，如统计分析软件包和CAD系统等。

Tom DeMarco注意到了传统软件产业的分裂，特别是应用程序用户。

> 我没有料到的是：整个行业被分解成各个特殊的领域。你完成某事的方式更像是专业领域的职责，而不仅仅是使用通用系统分析方法、通用语言和通用测试技术的。Ada是最后一个通用语言，并且它已经慢慢变成了一门专业语言。

在日常的商业应用领域中，第四代语言做出了巨大的贡献。Boehm说：“大多数成功的第四代语言是以选项和参数方式系统化某个应用领域的结果。”这些第四代语言最普遍的情况是带有查询语言的数据库、通信软件包和应用生成器。

操作系统世界已经统一了。在1975年，存在很多操作系统：

每个硬件提供商在每条产品线上最少有一种操作系统，很多提供商甚至有两个。如今是多么不同啊！开放式系统是基本原则。目前，人们主要在五大操作系统环境上行销自己的应用程序包(按照时间顺序)：

- IBM MVS和VM环境
- DEC VMS环境
- Unix环境，某个版本
- IBM PC环境，DOS、OS-2或者Windows
- Apple Macintosh环境

塑料薄膜包装的成品软件产业。对于这个产业的开发者，面对的是与传统产业完全不同的经济学：软件成本是开发成本与数量的比值，包装和市场成本非常高。在传统内部的应用开发产业，进度和功能细节是可以协商的，开发成本则可能不行；而在竞争激烈的开放市场面前，进度和功能支配了开发成本。

正如人们所预期的，完全不同的经济学引发了非常不同的编程文化。传统产业倾向于被大型公司以已指定的管理风格和企业文化所支配。另外，始于数百家创业公司的成品软件产业，行事自由，更加关注结果，而不是流程。在这种趋势下，那些天才的个人程序员更容易获得认可，这隐含了“卓越的设计来自杰出的设计人员”的观点。创业文化能够对那些杰出人员，根据他们的贡献进行奖励。而在传统软件产业中，公司的社会化因素和薪资管理计划总会使上述做法难以实施。因此，很多新一代的明星人物被吸引到薄膜包装的软件产业，这一点并不奇怪。

Ⓢ 买来开发——使用塑料包装的成品软件包作为构件

彻底提高软件健壮性和生产率的唯一途径是提升一个级别，使用模块或者对象组合来进行程序开发。一个特别有希望的趋势是使用大众市场的软件包作为平台，在上面开发更丰富和更定制化的产品。如使用塑料包装的数据库和通信软件包来开发货运跟踪系统，或者学生的信息系统等。而计算机杂志上的征文栏目提供了许多Hypercard stacks、Excel定制化模板、MiniCad的Pascal特殊函数以及AutoCad的AutoLisp函数。

元编程。Hypercard stacks、Excel模板和MiniCad函数的开发有时被称为元编程(metaprograming)，为部分软件包用户进行功能定制的过程。元编程并不是新概念，仅仅是重新被提出和重新命名。20世纪60年代早期，很多计算机提供商和大型信息管理系统(MIS)厂商都拥有小型专家小组，他们使用汇编语言的宏来装备应用编程语言。椅达的MIS开发车间使用一种用IBM 7080宏汇编定义的自有应用语言。类似地，IBM的OS/360 队列远程通信访问方法(queued telecommunications access method)中，在遇到机器级别指令之前，人们可以读到若干页表面上像汇编语言的远程通信程序。现在元编程人员提供要素的规模是宏的若干倍。这种二级市场的开发是非常鼓舞人心的——当我们在期待C++类开发的高效市场时，可重用元程序的市场正在悄无声息地崛起。

它处理的确实是根本问题。基于软件包开发现象并没有影响到一般的MIS编程人员，因此对于软件工程领域并不是很明显。不过，它将快速地发展，因为它针对的正是概念结构要素打造的根本问题。成品软件包提供了大型的功能模块和精心定制的接口，它内部的概念结构根本无须再设计。功能强大的软件产品，如Excel或者4th Dimension实际上是大型的模块，但它们作为广为人知、文档化、测试过的模块，可以用来搭建用户化系统。下一级应用程序的开发者可以获得丰富的功能、更短的开发时间、经过测试的组件、良好的文档和彻底降低的成本。

当然，存在的困难是成品软件作为独立实体来设计，元程序员无法改变它的功能和接口。另外，更严肃地说，对于成品软件的开发者而言，把产品变成更大型系统中的模块似乎没有什么吸引力。我认为这种感觉是错误的，在为方便元程序员开发提供软件包方面，有一个未开拓的市场。

那么需要什么呢？我们可以识别出4个层次的软件成品用户。

- 直接使用用户。他们以简便直接的方式来操作，对设计者提供的功能和接口感到满意。
- 元程序员。在单个应用程序的基础上，使用已提供的接口来开发模板或者函数，主要为最终用户节省工作量。
- 外部功能作者，向应用程序添加自行编制的功能。这些功能本质上是新应用语言原语，调用通用语言编写的独立模块。这往往需要命令中断、回调或者重载函数技术，向原接口添加新功能。
- 元程序员，使用一个或多个特殊的应用程序，作为更大型系统的构件。他们是需求并没有得到满足的用户群。同时，这也是能在构建新应用程序方面获得较大收获的用法。

对于成品软件，最后一种类型的用户还需要额外的文档化接口，即元编程接口(metaprogramming interface，MPI)。这在很多方面提出了要求。首先，元程序需要在整个应用程序集的控制之下，而每个软件通常假设是受自己控制的。软件集必须控制用户界面，而应用程序一般认为这是自己的职责。软件整体必须能够调用任何应用程序的功能，就好像是用户使用命令行传递参数那样。它还应该像屏幕一样接受应用程序的输出，只不过屏幕是显示一系列字符串，而它需要将输出解析成适当数据类型的逻辑单元实体。某些应用程序，如FoxPro，提供了一些接收命令的后门接口(wormhole)，不过它返回的信息是不够充分和未被解析的。这些接口是对通用解决方案需要的一个特殊补充。

拥有能控制应用程序集合之间交互的脚本语言是非常强有力的。Unix首先使用管道和标准的ASCII字符串文件格式提供了这种功能。今天，AppleScript是一个非常优秀的例子。

Ⓢ 软件工程的状态和未来

我曾向北卡罗来纳州立大学化学工程系的系主任Jim Ferrell请教过关于化学工程的历史以及和化学的区别的问题，于是他做了一个1小时的出色即兴演说，从很多产品(从钢铁到面包，再到香水)的不同生产过程开始。他讲述了Arthur D. Little博士如何在1918年在麻省理工学院建立了第一个工业化学系来发现、发展和讲授所有过程共享的共有技术基础。首先是经验法则，接着是经验图表，后来是设计特殊零件的公式，再后来是单个导管中热传导、质量转移和动量转移的数学模型。

如同Ferrell故事所展现的，在几乎50年后，我仍被化学工程和软件工程发展的很多相似之处所震撼。Parnas对我写的关于软件工程的文章提出了批评。他对比了电气工程和软件领域，觉得把我们所做的称为“工程”只是一厢情愿。他可能是正确的，这个领域可能永远不会发展成像电气工程那样的拥有精确的数学基础的工程化领域。毕竟，软件工程就像化学工程一样，与如何扩展到工业级别处理过程的非线性问题有关。而且，和工业工程类似，它总是被人类行为的复杂性所困扰。

不过，化学工程的发展过程让我觉得“27岁的”软件工程并不是没有希望的，而仅仅是不够成熟的，就好像1945年的化学工程。毕竟，在第二次世界大战之后，化学工程师才真正提出闭环互联的连续流系统。

今天，软件工程的一些特殊问题正如第1章中所提出的：

- 如何把一系列程序设计和构建成系统；
- 如何把程序或者系统设计构建成健壮的、经过测试的、文档化的、可支持的产品；
- 如何维持对大量的复杂性的控制。

软件工程的焦油坑在将来很长一段时间内会继续使人们举步维艰，无法自拔。软件系统可能是人类创造中最错综复杂的事物，只能期待人们在力所能及的或者刚刚超越力所能及的范围内进行探索和尝试。这个复杂的行业需要：进行持续的发展；学习使用更大的要素来开发；新工具的最佳使用；经论证的工程管理方法的最佳应用；良好的自我判断以及能够使我们认识到自己的不足——谦逊的品格。

结束语

令人向往、激动人心和充满乐趣的50年

我依然记得那种向往和开心的感觉——当我在1944年8月7日读到哈佛大学Mark Ⅰ型计算机研制成功的报道时——那时候我才13岁。Mark Ⅰ是电子机械学上的奇迹，哈佛大学的Aiken是它的结构设计师，而IBM的工程师Clair Lake、Benjamin Durfee和Francis Hamilton是它的实现设计师。同样令人向往的是读到Vannevar Bush1945年4月发表在亚特兰大月刊上的论文"That We May Think"的时候。在这篇论文中，他建议将大量的知识组织成超文本的网络方式，从用户的计算机上，可以跟随已有的链接，也可以跳到新的相关链接，从而实现链接之间的漫游。

我对计算机的热情在1952年进一步高涨，因为得到了IBM在纽约恩迪科特的一份暑期工作。正是那次，我有了在IBM 604上编程的实际经验，也了解了如何编制IBM 701(它的第一个存储程序计算机)程序的正式指令；从哈佛大学Aiken和Iverson名下毕业终于让我的职业梦想变成了现实，并且，就这样沉迷了一辈子。感谢上帝，让我成为为数不多的那些开开心心地做着自己喜欢的工作的人之一。

我实在无法想象还有哪种生活会比热爱计算机更加激动人

心，从真空管发展到晶体管，再到集成电路以来，计算机技术已经飞速发展。我用来工作的第一台计算机，是从哈佛刚刚出炉的IBM 7030 Stretch超级计算机，Stretch在1961—1964年都是世界上运算速度最快的计算机，一共卖出了9台。而我现在用的计算机，Macintosh Powerbook，不但快，还有大容量内存和大容量硬盘，而且便宜了1 000倍(如果按定值美元来算，便宜了5 000倍)。我们依次看到了计算机革命、电子计算机革命、小型计算机革命和微型计算机革命，这些技术上的革命每一次都带来了计算机数量上的剧增。

在计算机技术进步的同时，计算机相关学科知识也在飞速发展。当我在20世纪50年代中期刚从学校毕业的时候，能看完当时所有的期刊和会议报告，掌握所有的潮流动向。而我现在只能对层出不穷的学科分支遗憾地说“再见”，对我所关注的东西也越来越难以全部掌握。兴趣太多，令人兴奋的学习、研究和思考的机会也太多——多么不可思议的矛盾啊！这个神奇的时代远远没有结束，它依然在飞速发展。更多的乐趣，尽在将来。

译后记

关于 Brooks 以及《人月神话》的回忆

*The Mythical Man-Month*的作者Frederick Phillips Brooks, Jr. 于2022年11月17日逝世，享年91岁。

天下无不散的筵席，Brooks这个岁数即使在今天也算全寿了。因此，我没有什么悲伤或惋惜的情绪，倒是陷入了回忆之中。

UMLChina有幸参与*The Mythical Man-Month*中译本的出版工作，我也因此和Brooks有过一些邮件往来。

在翻译期间，我尝试按照大学网站上的邮件地址给Brooks发了邮件，大意是我们正在把*The Mythical Man-Month*翻译成中文，想邀请他到UMLChina做个网络讲座。

可能是有“中译本”的加持，Brooks很快回复。他婉拒了邀请，并耐心地解释说，从1995年以来，他已经远离软件工程，现在主要的精力放在3D虚拟现实上。于是，我又退一步建议：要不设个留言板？中国读者如果有和书相关的问题，可以在上面询问。Brooks同意了，并且在留言板上发布了第一个留言。

留言板的功能现在已经失效，但历史遗迹还在，访问UMLChina网站的相关网页可以看见Brooks的留言。

很可惜，后来也没有进一步的答疑，因为大部分问题是“怎么能得到电子书”。

1995年版*The Mythical Man-Month*的引进、翻译和出版，最开始由任伟推动，然后由麻众志、熊妍妍策划，由我以UMLChina翻译组的名义来组织翻译。翻译组的具体分工：汪颖负责翻译，潘加宇和蒋芳负责审校译稿。

2002年，*The Mythical Man-Month*中译本出版，书名为《人月神话》。

《人月神话》出版后，获得了巨大成功。此后的20年间，《人月神话》多次重印。每一次重印时，为了让这本书与时俱进，出版社都会细心地做一些工作，包括：

- 把读者指出的比较大的问题进行修正；
- 附上读者的评论；
- 附上其他书籍引用《人月神话》的内容；

……

我也非常感谢出版社的信任，采纳我们提供的各种与《人月神话》相关的素材。

这一次的纪念典藏版也不例外，在上一次重印的基础上，做了较多修订。同时，将封面的推荐语换成2021—2023年出版的新书对《人月神话》的评价。

在后续的日子中，我们也会尽力一如既往地维护《人月神话》，争取让它像Brooks老爷子一样，达到全寿。

潘加宇

2023年5月20日